水处理综合实验与设计

主　编　景连东

副主编　李益华　刘　佳

西南交通大学出版社

·成　都·

图书在版编目（C I P）数据

水处理综合实验与设计 / 景连东主编. —成都：西南交通大学出版社，2022.10
ISBN 978-7-5643-8966-6

Ⅰ. ①水… Ⅱ. ①景… Ⅲ. ①水处理－高等学校－教材 Ⅳ. ①TU991.2

中国版本图书馆 CIP 数据核字（2022）第 196024 号

Shuichuli Zonghe Shiyan yu Sheji

水处理综合实验与设计

主编 景连东

责任编辑	牛　君
封面设计	原谋书装
出版发行	西南交通大学出版社 （四川省成都市金牛区二环路北一段 111 号 西南交通大学创新大厦 21 楼）
发行部电话	028-87600564　028-87600533
邮政编码	610031
网　　址	http://www.xnjdcbs.com
印　　刷	四川森林印务有限责任公司
成品尺寸	185 mm × 260 mm
印　　张	7.75
字　　数	167 千
版　　次	2022 年 10 月第 1 版
印　　次	2022 年 10 月第 1 次
书　　号	ISBN 978-7-5643-8966-6
定　　价	32.00 元

课件咨询电话：028-81435775
图书如有印装质量问题　本社负责退换

前言

PREFACE

在太空回望，一颗蓝色的星球格外璀璨，这就是地球。地球巨量的储水成就了它蓝色的外衣和多彩的生命。地球总储水量达 13.86 亿立方千米，然而淡水储量只占约 3.5%，其中基于人类现有技术可以直接利用的部分占总储水量的比例不到 0.02%。而且受全球大气环流作用的约束以及局地小气候作用，淡水资源在时间和空间上的分配极度不均匀。同时，人类活动排放大量无机、有机污染物和生物污染物进入水体，超过其自净容量并产生了诸多生态环境问题。因此，有许多地区面临着水量性缺水和水质性缺水的双重压力。

对污水进行集中处理是水环境保护的重要途径。污水处理在缓解水资源压力、保护水环境和水生态的同时还会作用于土壤和大气环境介质。在西方，人类对污水的处理可以追溯到古罗马时期。在我国，对污水进行收集和处理可以追溯到商朝。发展至今，污水处理技术已经比较成熟，表现在知识理论体系不断完善、技术种类繁多、工艺种类多样、出水水质不断提升等方面。自党的十八大以来，习近平生态文明思想深入人心，我国各项环保事业蒸蒸日上，污水处理行业也得到充分发展，水处理技术不断被开发，全国新建了许多不同体量的污水处理厂，各地纷纷出台或者更新了污水处理地方排放标准，污水厂也纷纷开始提标改造（这里我们不对是否应该全面提标改造进行讨论）。

污水处理领域的专业技术人员必须掌握污水处理的常规实验。更重要的是污水处理领域人才培养应该引领行业发展，具有前瞻性。2022 年，生态环境部界定了四类新污染物：持久性有机污染物、内分泌干扰物、抗生素和微塑料。这四类新污染物进入水环境会产生较高的生态环境风险，因此在未来也可能会被纳入污水处理排放标准。污水中新型污染物的检测和去除需要走出实验室研究，在污水处理市场中得到重视。还值得一提的是，新技术从研发到成熟应用是一个漫长的过程，污水处理技术最终也需要通过一定的工艺来实现，相比于新技术研发，对现有技术、工艺进行优化集成往往会达到事半功倍的效果。

基于上述考虑，在从事相关领域教学、研究和实践的基础上，本书编写团队将近年来发展愈发成熟的虚拟仿真实验与传统实验虚实结合，编写了常规水处理实验、水中新型有机污染物检测及控制实验、水处理工艺实训与设计等内容。另外近年来，实验室和污水处理行业安全事故时有报道，因此本书开篇特地编写了与水处理实验和行业安全相关的内容。本书由西南民族大学景连东老师、李益华老师和刘佳老师共同编写，编写团队共同确立了整体思路；景连东老师编写了第一章，并为教材其他章的编写提供了建设性思路或意见；李益华老师独立完成了教材第二章和第四章的编写；刘佳老师独立完成第三章的编写。研究生宋奇、赵玥、唐亮、张润、焦娇、韦柳情等人参与了本书的校对工作，研究生唐亮、宋奇、焦娇完成了部分设备图片的拍摄工作。本书部分内容参考了相关软件和实验装置技术参数和操作说明，在此表示衷心的感谢！

污水处理行业所涉及的知识博大精深，而且知识、理论、技术、工艺不断推陈出新，受限于编写团队有限的学识和有限的编写时间，书中疏漏和不当之处在所难免，恳请读者批评指正。

编 者

2022 年 5 月

目录
CONTENTS

第一章 水处理行业及实验室安全

第一节 水处理行业安全事故及其规避

一、水处理行业安全事故案例

在搜索引擎中输入“污水、事故”作为关键词进行检索，会出现大量污水处理相关安全事故信息，更糟糕的是这些事故几乎都和“死亡”相联系。事故类型包括中毒窒息、构筑物坍塌、淹溺、透水、触电、爆炸等。下边摘取近几年的部分事故，以期达到警示教育的目的。

2022 年 4 月 9 日上午，某市市政事业发展中心雇佣的 5 名工人到市政小区内污水泵站进行清掏作业时，发生中毒事故，导致 4 人死亡、1 人受伤。经初步调查问询，作业时 5 人相继入井后，其中孙某某感觉头晕，并发现另外 4 人先后倒地，孙某某屏住呼吸立刻攀爬出井后，拨打了 119 救援电话。

2022 年 2 月 12 日，农历正月初一晚间，重庆市某地发生一起窨井燃爆事故。一名 6 岁女孩在燃放烟花时，不小心将化粪池沼气引燃致爆，掀起的井盖击中女孩，女孩经送医抢救无效后死亡。公开报道显示，春节期间，烟花爆竹掉进窨井或被孩童故意丢进窨井引发的伤人事故已有多起，涉及多地。

2021 年 11 月 20 日 9 点 30 分左右，某药业有限公司污水调节池发生爆燃，造成 3 人死亡、4 人受伤。经初步调查，事故直接原因是：企业在开展环保设施改造时，施工人员在污水调节池上方污水收集罐平台进行动火作业，电焊产生的火花掉落到下方污水调节池盖板进水口附近，电焊火花先引燃污水调节池外逸的可燃气体，继而引发污水调节池爆炸。

2021 年 6 月 13 日，四川某食品有限公司在停产检修期间，发生一起生产安全事故，造成 6 人死亡。经初步调查，当日 10 时 30 分许，该公司机修工徐某、曹某某在停产检修废水管道时，掉入 7 m 深废水池。公司负责人吴某某、泥工高某某、维修工黄某某和唐某在施救中，也相继掉入废水池。经现场初步测定，现场厂房内硫化氢浓度超标。事故发生后，环保部门对周边气体进行检测，各项指标没有超标。事故发生后，当地相关部门立即赶赴现场展开应急救援，第一时间组织应急救援队员 49 人全力开展现场搜救工作。截至 16 时 18 分，最后一名人员被救出，至此 6 名人员已全部搜救出池，但均经抢救无效死亡。

2020 年 7 月 11 日晚 8 时 40 分左右，某氟产业开发区污水处理厂水解酸化车间发生爆炸事故。事故造成 17 人受伤。

2019 年 12 月 3 日，浙江海宁市某印染有限责任公司污水罐体坍塌，压垮附近两家企业的相关车间。2019 年 12 月 10 日通报，事故造成 9 人死亡、4 人重伤、9 人轻伤。经初步调查了解到，该事故系该印染有限责任公司污水罐体（呈圆柱形，直径 24 m，高 30 m，容积约 1.3×10^4 m^3）发生坍塌，砸中相邻的两家纺织有限公司车间，造成部分厂房楼板倒塌的同时，罐体内大量污水瞬时向厂房内倾泻，厂区内正在作业的工人被倾泻的污水冲散，部分工人因厂区内囤放的布匹坍倒受压，造成人员伤亡。该印染有限责任公司违规进行项目建设，存在未批先建的违规行为。事故罐体施工单位某化工机械有限公司，无环保工程专业承包资质，违规承揽罐体施工。事故厌氧罐未经正规设计，施工制造质量达不到钢制焊接储罐国家相关标准规范要求，存在罐体壁厚强度不足、严重未焊透等问题。

2019 年 5 月 11 日，某环境治理投资有限公司因二级泵站污水泵排水能力下降，进行泵体解体清污检修。5 月 13 日上午 10 时 10 分左右，两名维修工配合进行泵体冲污工作，一名维修工在撤离过程中中毒窒息晕倒，另一名维修工救援过程中也中毒窒息晕倒，泵站负责人带领附近其他人员进入泵房内的泵坑中进行救援，先后中毒窒息。

2019 年 5 月 10 日上午 11 时许，某板纸有限公司污水处理车间 3 名工人不慎坠入污水处理池，经抢救无效死亡。

2019 年 4 月 3 日 21 时左右，江苏省泰兴市 119 指挥中心接到报警称，位于泰兴经济开发区的某化工技术有限公司内污水处理车间发生火灾。接警后泰兴市 119 指挥中心立即调集消防救援力量赶赴现场处置。21 时 05 分到达现场，21 时 20 分火势被控制，21 时 25 分明火被扑灭。

2019 年 3 月 23 日 18 时 50 分左右，某局下属建筑公司在对某地污水沉井进行清淤过程中发生气体燃爆。

二、水处理行业安全事故特征

（1）受限空间是产生安全事故的主要场所。在污水处理环节，各污水池、泵房等污水处理厂主体部分都有可能成为受限空间。市政管网也有诸多受限空间，而普通市民对市政管网安全风险认知和重视程度不够。

（2）污水处理厂安全事故类型中中毒窒息事故发生比例较高（有学者统计约 70%）。硫化氢、沼气、二氧化碳浓度超标，氧气浓度过低是引起窒息事故的直接原因。污水处理厂设备出现缺陷、操作错误、设施没有达到规定的标准、通风不良等都是造成人员中毒窒息的原因，但是个人防护用品失效或者不正确使用是引起中毒窒息事故中人员伤亡的主要原因，发生率高达 78%。

（3）高温季节（5—9 月）污水处理安全事故发生的概率较高。高温季节污水、污泥在缺氧环境下更易产生有毒有害气体。有学者统计表明，这 5 个月发生的污水处理安全事故占全年事故的近 70%。

（4）虽然我国的污水处理厂重大事故的发生较少，但是较大事故的发生率高于一般事故。

三、水处理行业安全事故的规避

污水处理厂、安全生产部门和员工需要协同做好安全管理工作，及时发现和排除各种安全隐患。海因里希法则（1∶29∶300）指出，每一起严重的事故后，必然有 29 起轻微事故和 300 起未遂先兆。这个比例在不同的行业中有所不同，但是却可以说明任何事故的发生都不是偶然的，事故的背后必然存在大量的安全隐患，所以安全管理的首要任务就是发现和排除各种安全隐患，避免严重事故的发生。安全生产部门要定期检查安全生产责任落实情况，污水处理厂还要定期开展安全教育工作。建议员工可举报主观忽视安全生产的个人和部门。

员工需要培训合格并持证上岗。涉及需要在污水处理相关环节动火作业、动电作业、受限空间作业、登高作业和其他特殊作业时均应持相关资格证或许可证。在进行污水作业之前，员工一定要接受专业的操作规程培训，避免操作不当引起事故。污水处理厂应该对员工进行考核，杜绝不合格员工进行作业。

各位相关人员在进行污水作业时应穿戴好防护用具，并且在穿戴前应检查自己的防护用品是否失效。防护用品是安全生产的最后一道防线，不可抱有侥幸心理，觉得偶尔一次不用没关系；不可因为觉得穿戴太麻烦、不方便检修操作等原因而不使用。不要因为一念之差而失去宝贵的生命。

在进入受限空间作业之前，一定要坚持“先通风，再检测，后作业”的原则。污水厂事故多发生在检查井、污水池、管网、沟槽、污泥池、污泥脱水机房、进水口格栅间等位置，以检查井、污水池、管网最为常见，且主要为中毒窒息事故。在进入这些地方之前，要格外注意。污水处理厂需制定污水处理厂有限空间作业操作规程，相关人员在污水井、化粪池、沼气池、下水道等这些较为封闭的空间作业时必须严格执行该规程。执行过程中保证气体检测仪工作正常。测定氧浓度和有毒有害气体的浓度，检测人员应当采取相应的安全防护措施，防止中毒、窒息等事故发生，经检测符合安全要求后，方可进入实施作业。检测的时间不得早于作业开始前 30 min，数据须测试 3 个点位并如实记录，氧气浓度以最低值为准，硫化氢、一氧化碳、甲烷以最高值为准，氧气含量应为 19.5% ~ 23.5%，硫化氢不大于 10 mg/m^3、一氧化碳不大于 20 mg/m^3、甲烷不大于 5%。在未准确测定氧浓度和有毒有害气体的浓度前，严禁进入污水处理池进行作业。确保各项指标达标后再进入作业空间。作业过程中，必须加强通风换气。

平时要学习必要的急救和抢险技能，在发生事故以后，千万不要盲目施救。保持沉着冷静，不知如何救人可在第一时间拨打 119 或者 120 等急救电话。树立安全生产意识，遇事多想是否安全，许多严重事故是可以避免的。

第二节　实验室安全事故及其规避

一、实验室安全事故案例

实验室安全事故频发，造成的社会影响不亚于生产一线所发生的事故。此处同样选择部分实验室安全事故案例，以期达到警醒教育的目的。

2022 年 4 月，某大学一实验室发生爆炸，该校材料科学与工程学院一博士生在事故中受伤，身体大面积烧伤。据报道称，爆燃实验室是位于三楼的粉末冶金实验室，爆燃原因或与镁铝粉有关。2021 年 10 月 24 日发生的另一起镁铝粉爆燃事故，共造成 2 人死亡，9 人受伤。

2021 年 3 月 31 日，中国科学院某研究所发生实验室安全事故，一名研究生当场死亡。此次事故发生的原因是反应釜高温高压爆炸。高压灭菌锅的超压运行也可能产生爆炸。

2018 年 12 月 26 日，某大学市政环境工程系学生在环境工程实验室里，进行垃圾渗滤液污水处理科研实验期间，现场发生爆炸，造成 3 名参与实验的学生死亡。造成事故的直接原因是反应过程中产生了易燃气体氢气，由金属摩擦及碰撞产生的火花点燃而发生爆炸，爆炸的同时造成了镁粉粉尘爆炸和其他可燃物的剧烈燃烧。

2016 年 1 月 10 日，北京某大学一化学实验室突然起火，并伴有刺鼻气味的黑烟冒出。起火时室内无人，未造成人员伤亡。校方表示，实验室内存放化学药剂的冰箱因电路老化自燃，引发火灾。消防人员到达现场后，实验室工作人员已将明火扑灭，事故未造成人员伤亡。

2010 年 5 月 26 日，云南某大学电化学综合测试室发生火灾。事故原因是两名学生做完实验后，忘记关闭电路导致火灾。

某污水处理实验室一个装有活性污泥的 4 L 密闭塑料桶，存放多日后膨胀，直至爆炸。爆炸造成实验室的天花板溅上了恶臭的污泥，整个实验室被污染，整个楼层均弥漫着恶臭。爆炸的主要原因是活性污泥中的微生物代谢产生了大量气体，但没人注意到这个小桶的膨胀，直到小桶爆炸。

某实验室使用自组装的装置测定沉积物中的氮，在蒸馏过程中，产生水蒸气的烧瓶中水过少，产生暴沸现象，导致与之相连的蒸馏管中含浓碱的样品冲开活塞，溅射到天花板上。暴沸还可能导致蒸汽瓶橡胶塞被冲开，喷射出含酸沸腾水。

某研究生将铁丝捆扎的材料放入含有硫酸和过氧化氢的试管中进行改性实验。试管中发生剧烈反应，由于试管狭窄，大量液体从管口喷射而出。万幸的是该学生正确穿戴了实验服、护目镜，并在通风橱中开展实验，且管口未对向操作人员，最终未造成人员伤害。

某学生在实验中将少量硫酸洒落在桌面，未及时清理，在随后的实验中被手臂触碰到。万幸的是该同学穿戴了实验服，但是硫酸还是烧穿了实验服，烧焦了内部衣物。

二、实验室安全事故分类

实验室安全事故多种多样，造成的直接原因不尽相同，但是大致可以分为以下几类，在此进行梳理，便于防控。

（1）火灾、爆炸事故。火灾和爆炸具有紧密的直接关联性。在已报道的实验室事故中，绝大部分是火灾、爆炸事故。这主要跟实验室的风险特点有关，实验室涉及的物质大多是具有挥发性、易燃性、易爆性的危险化学品，遇到火源、高温或静电很可能起火燃烧并发生爆炸。用电设备管理不善或线路老化也易引发火灾。

（2）腐蚀、灼烧事故。实验室会使用到氢氧化钠、硝酸、硫酸、盐酸、氢氟酸、高氯酸等强碱、强酸。这些物质具有强腐蚀性，皮肤接触会引起人体的局部灼伤，吸入后会引起组织或器官坏死。被灭菌锅、电炉、加热板、马弗炉等高温设备烫伤在化学实验过程中是最常见的事故。

（3）中毒事故。误食、吸入或是体表吸收到有毒物质会造成中毒。慢性中毒一般不容易引起重视，很多症状都是要在中毒积累（剂量蓄积和功能蓄积）到一定程度之后才出现。急性中毒通常发作较快，容易被观察。将食物带进实验室，造成误食；设备设施老化，造成有毒物质泄漏或有毒气体排出，造成吸入；管理不善，造成有毒物质散落流失；废水排放管路受阻或失修改道，造成有毒废水未经处理而流出，引起他人中毒。

（4）生物安全事故。新冠疫情的爆发再一次让生物安全进入公众的视野。微生物实验室管理上的疏漏和意外事故不仅会导致实验室工作人员被感染，也可能造成环境污染和大面积人群感染。生物实验室产生的废物甚至比化学实验室的更危险，生物废弃物含有传染性的病菌、病毒、化学污染物及放射性有害物质，对人类健康和自然环境都可能构成极大的危害。

（5）机电伤人事故。这类事故多发生于高速旋转（离心机、轴承转动）或冲击运动的装置中。学生违反规程操作设备，长发披散等都有可能引发相关事故。也可能因为设备老化、漏电、机械故障等引起该类事故。

（6）实验室盗窃事故。实验室人员流动大，实验室人员安全意识薄弱可能导致实验室设备（移动硬盘、计算机丢失率较高）、药品、数据丢失，可能影响实验室正常运行，甚至造成危害巨大的后果。

三、实验室安全事故的规避

加强实验室管理。许多事故的发生究其根源都与实验室安全管理不到位有关。实验室的安全有序管理是实验工作正常进行的基本保证。管理过程中关注防盗、防火、防爆、防水、防毒、安全用电等相关安全细节。尤其是要加强对危化品的管理，设立存储专柜，建立使用台账。

凡是进入实验室工作、学习的人员，必须遵守实验室的有关要求。此处列出实验室相关行为规范，包括但不限于下述条款：

（1）不得在实验室饮食、储存食品、饮料等个人生活物品；不得做与实验、研究无关的事情。

（2）整个实验室区域禁止吸烟（包括室内、走廊、电梯间等）。

（3）未经实验室管理部门允许不得将外人带进实验室。

（4）熟悉紧急情况下的逃离路线和紧急应对措施，清楚急救箱、灭火器材、紧急洗眼装置和冲淋器的位置。牢记急救电话 119/120/110。

（5）保持实验室门和走道畅通，最小化存放实验室的试剂数量，未经允许严禁储存剧毒药品。

（6）正确使用穿戴手套、护目镜、实验服等实验护具。离开实验室前须洗手，不可穿实验服、戴手套进入餐厅、图书馆、会议室、办公室等公共场所。

（7）保持实验室干净整洁，实验结束后实验用具、器皿等及时洗净、烘干、入柜，室内和台面均无大量物品堆积，每天至少清理一次实验台。

（8）实验工作中碰到疑问，及时请教该实验室或仪器设备责任人，不得盲目操作。

（9）做实验期间严禁长时间离开实验现场。

（10）晚上、节假日做某些危险实验时必须有 2 人以上，以保实验安全。

（11）确保实验室在无人条件下门窗关闭，水电关闭。

（12）女同学不得披散长发开展实验。

（13）所有带有挥发性试剂的取用必须在通风橱中进行。

（14）所有配制的试剂必须写明名称、日期（至少但不限于）等信息，避免其他同学在不知情的情况下使用造成意外伤害。

（15）高温、高压设备在使用过程中必须设定安全警示标志（例如，马弗炉使用结束、电源关闭后，腔内温度仍然高达几百摄氏度，可能会导致不知情的其他同学烫伤）。

（16）有过夜或长期运行的设备必须留下使用人信息，包括使用人、联系电话、预计使用结束时间。

（17）实验室无人时，必须关闭门；夜间离开时，门、窗、水、电必须关闭。

（18）实验以及设备必须按照规程操作，不得随意改变规程。

第二章 常规水处理实验

中国是全球水污染最严重的国家之一，全国多达70%的河流、湖泊和水库均受到影响。一项全国性调查表明，在2020年排入各种水体的有机污染物（以化学需氧量表示）中，近20%源自工业。研究表明，中国20%～30%的水污染是由制造出口商品而造成的。工业废水直接流入渠道、江河、湖泊，污染地表水，如果毒性较大，则会导致水生动植物的死亡甚至灭绝。此外，工业废水还可能渗透到地下水，从而造成地下水污染。如果周边居民使用了被污染的地表水或地下水作为生活用水，会危害身体健康，重者会导致死亡。因此，污废水处理对生态、生产、生活具有重要意义。

在水处理过程中，涉及较多的污水、污泥性质测定、技术研究相关实验。本章介绍了在水处理工程运行中涉及的一些常规水处理实验，这些实验的结果将为水处理工艺设计、运维提供可靠数据支撑。本章包括5个实验，分别为针对固相颗粒物或污泥的混凝沉淀实验和活性污泥性质测定实验；针对废水性质的可生化性测定实验；针对水处理设备和废水性质的曝气充氧能力测定实验；针对污水中溶解性污染物处理的活性炭固定床吸附实验。

实验一 混凝沉淀实验

一、实验目的

（1）观察混凝现象，加深对混凝理论的理解。

（2）了解影响混凝过程（或效率）的相关因素。

（3）确定最佳混凝工艺条件。

二、实验原理

混凝沉淀实验是水处理基础实验之一，广泛用于科研、教学和生产中。针对某浑浊水样，通过混凝沉淀实验，选择混凝剂种类、投加量，可以对水中的胶体进行混凝沉淀，降低水的浊度，并确定最佳混凝条件。水中粒径小的悬浮物以及胶体物质，由于微粒的布朗运动，胶体颗粒间的静电斥力和胶体的表面物质，致使水中这种含浊状态稳定。向水中投加混凝剂后，可实现：① 降低颗粒间的排斥能峰，降低胶粒的表面电位，实现胶粒“脱稳”；② 同时也能发生高聚物式高分子混凝剂的吸附架桥作用；③ 网捕作用；而达到颗粒的凝聚。

混凝是水处理工艺中十分重要的一个环节。所处理的对象，主要是水中悬浮物和胶体物质。混合和反应是混凝工艺的两个阶段，投药是混凝工艺的前提，选择性能良好的药剂，创造适宜的化学和水利条件，是混凝的关键问题。

由于各种原水有很大差别，混凝效果不尽相同。混凝剂的效果不仅取决于混凝剂投加量，同时还取决于水的 pH、水流速度梯度等因素。投加混凝剂的多少，直接影响混凝效果。投加量不足不可能有很好的混凝效果。同样，如果投加的混凝剂过多，也未必能得到好的混凝效果。水质是千变万化的，最佳的投药量各不相同，必须通过实验方可确定。

实验过程中，以流速梯度 G 和 GT 值作为相似准数（G 为速度梯度，用来表明混合程度；T 是絮凝反应时间，不包括混合时间），通过搅拌作用，模拟实际生产中的混合反应的水力条件；针对某水样，利用少量源水，选择所需的最佳混凝剂和确定混凝最佳条件。

混合或反应的速度梯度 G 值：

$$G=\sqrt{P/\mu}\ \mathrm{s}^{-1} \tag{2-1}$$

式中 P——在同一体积内每立方米水搅拌时所需的平均功率，$\mathrm{kg\cdot m^{-2}\cdot s^{-1}}$；

μ——水的动力黏滞系数，$\mathrm{kg\cdot s\cdot m^{-2}}$。

P 值的计算方法：

$$P=1000\cdot f\cdot \omega \tag{2-2}$$

式中 f——校正系数；

ω——搅拌功率，$\mathrm{kg\cdot m\cdot s^{-1}}$。

$$\omega=14.35d^{4.38}n^{2.69}\rho^{0.69}\mu^{0.31} \tag{2-3}$$

式中 n——搅拌机叶片转速，r/min；

d——叶片直径，m；

ρ——水的密度，ρ=1000/9.81 $\mathrm{kg\cdot s^2\cdot m^{-2}}$；

μ——水的动力黏滞系数，$\mathrm{kg\cdot s\cdot m^{-2}}$。

公式仅适合于桨板搅拌的尺寸关系，同时要求雷诺数在 $100\sim5\times10^4$ 内。

$$Re=\frac{nd^2\rho}{\mu} \tag{2-4}$$

式（2-2）中的校正系数按公式（2-5）计算：

$$f=\left(\frac{D}{3d}\right)^{1.1}\left(\frac{H}{D}\right)^{0.6}\left(\frac{4h}{d}\right)^{0.3} \tag{2-5}$$

式中　D——搅拌筒的直径，m；

H——搅拌筒的水深，m；

h——叶片高度，m。

校正系数 f 适用于 D/d=2.5 ~ 4.0，H/D=0.6 ~ 1.6，h/d=1/5 ~ 1/3 的情况。

水的动力系数（μ）与水温（t）的关系如表 2.1 所示。

表 2.1　水的动力系数与水温的关系

t/°C	$\mu/10^{-6}$ kg·s·m^{-2}	t/°C	$\mu/10^{-6}$ kg·s·m^{-2}
10	133.0	25	90.6
15	116.5	30	81.7
20	102.0	35	73.6

三、实验仪器和药品

（1）电动六联搅拌器，由搅拌叶片、传动装置、变动电机、控制装置等组成；

（2）浊度仪；

（3）酸度计；

（4）混凝剂：如硫酸铝、氯化铁、聚合硫酸铝、聚合氯化铁、聚丙烯酰胺等；

（5）混凝实验虚拟仿真软件。

实验装置如图 2.1 所示。

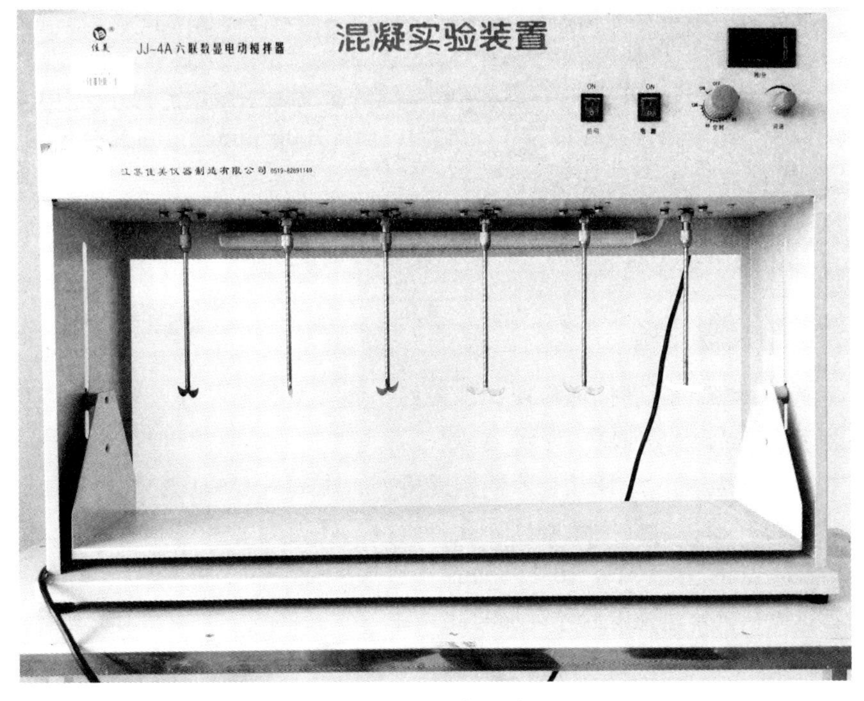

图 2.1　混凝实验装置

四、实验步骤

（一）虚拟仿真实验

通过混凝实验虚拟仿真软件（图 2.2）开展实验。目的是使学生熟悉实验原理、流程、相关计算，为后续实物装置实验的成功开展奠定良好的基础。

图 2.2　混凝实验虚拟仿真软件界面

（1）启动混凝装置电源，点击参数设置开关，设置好烧杯加水量，混凝剂量，搅拌程序并提交，其中混凝剂的默认浓度为 10 g/L。

（2）点击加混凝剂按钮，加入混凝剂，记录下当前的相关数值。

（3）点击搅拌按钮，启动搅拌机，快速搅拌 1.5 min，转速为 500 r/min；中速搅拌 5 min，转速约 250 r/min；慢速搅拌 5 min，转速约 100 r/min。上述搅拌速度可进行适当调整。

（4）关闭搅拌机，静置沉淀 5 min，对测定结果进行记录。

（5）关闭电源，实验结束。

（二）实物装置实验

（1）熟悉搅拌器、浊度仪和酸度计的使用，测量搅拌器叶片及水体容积的尺寸。

（2）测量原水样的浑浊度、水温及 pH。

（3）根据相关资料，选择几种不同的混凝剂，配制一定浓度的混凝剂。

（4）启动搅拌器，设置实验条件。混合阶段：转速为 250 ~ 300 r/min，反应阶段：转速为 40 ~ 50 r/min，搅拌时间 10 ~ 15 min。

注意：待搅拌机转速稳定后才可加药剂混合。

（5）搅拌过程中观察各水样“颗粒凝聚现象”并记录“矾花”的形状。

（6）搅拌过程完成后停机，静止沉淀 15 min 后测定水样沉淀后的剩余浊度，并计算去浊百分率（F）。

$$F=\frac{C-C_0}{C}\cdot 100\%$$

式中　C——源水浊度；

　　C_0——剩余浊度。

（7）比较实验结果，选出混凝效果较好的混凝剂，根据其混凝效果较好的相近两个水样的混凝投加量，以其为依据，进行第二次实验，步骤相同，以求得较准确的最佳投药量。

五、实验结果

将数据填入表 2.2。

表 2.2　混凝沉淀实验数据记录

烧杯编号		1	2	3	4	5	6
原水浊度							
原水 pH							
混凝剂名称							
混凝剂剂量/$mg\cdot L^{-1}$							
反应情况	矾花出现时间						
	矾花大小						
	矾花形状						
沉淀水	浑浊度						
	pH						
	去浊百分率						

（1）核算：Re=

（2）计算：f=

（3）计算：混合阶段 G、GT 值；

反应阶段 G、GT 值。

（4）绘制：加药量与去浊百分率关系曲线（用坐标纸画，横坐标为加药量，纵坐标为去浊率）。

六、思考题

（1）混凝实验对生产有何意义？

（2）G、GT 值相同，混合反应效果是否一致？为什么？

（3）为什么最大投药量时，混凝效果不一定好？

实验二　活性污泥性质测定实验

一、实验目的

（1）考察实际污水处理厂的活性污泥的基本性质，加深对活性污泥法、活性污泥性能，特别是污泥活性的理解。

（2）学会测定污泥沉降比、污泥浓度和污泥体积指数。

（3）了解用间歇式进料方式测定活性污泥法动力学系数 a、b 和 K 的方法。

二、实验原理

在生物处理废水的设备运转管理中，除用显微镜观察外，SV，SVI，MLSS，MLVSS 等几项污泥性质是经常要测定的。这些指标反映了污泥的活性，它们与剩余污泥排放量及处理效果等都有密切关系。

活性污泥是由细菌、菌胶团、原生动物、后生动物等微生物群体及吸附的污水中有机和无机物质组成的、有一定活力的、具有良好的净化污水功能的絮绒状污泥（图 2.3）。活性污泥的组成包括大量的细菌、真菌，原生动物和后生动物等。除活性微生物外，活性污泥还挟带着来自污水的有机物、无机悬浮物、胶体物。活性污泥中栖息的微生物以好氧微生物为主，是一个以细菌为主体的群体，除细菌外，还有酵母菌、放线菌、霉菌以及原生动物和后生动物。

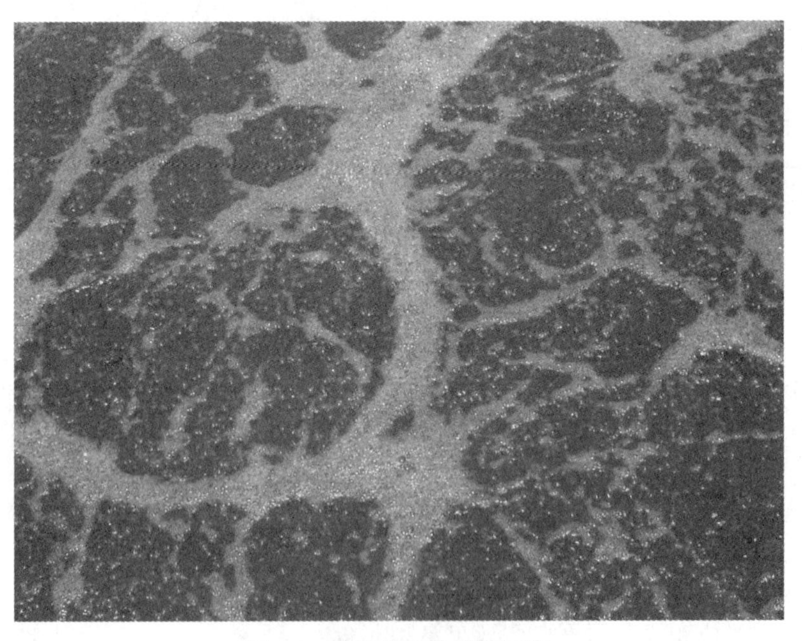

图 2.3　曝气池中的活性污泥

活性污泥中细菌含量一般为 $10^7 \sim 10^8$ 个/mL；原生动物为 10^3 个/mL，原生动物中以纤毛虫居多数，固着型纤毛虫可作为指示生物，固着型纤毛虫如钟虫、等枝虫、盖纤虫、独缩虫、聚缩虫等出现且数量较多时，说明培养成熟且活性良好。

MLSS 表示悬浮固体物质总量，MLVSS 挥发性固体成分表示有机物含量，NVSS 灼烧残量，表示无机物含量。MLVSS 包含了微生物量，但不仅是微生物的量，由于测定方便，目前还是近似用于表示微生物的量。

活性污泥法去除有机污染物的动力学模型有多种。在此以两个较常见的关系式来讨论如何通过实验确定动力学系数。

$$\frac{S_o - S_e}{V} = KS_e \tag{2-6}$$

式中 S_o——进水有机污染物浓度，以 COD 或 BOD 表示，mg/L；

S_e——出水中有机污染物浓度，mg/L；

K——有机污染物降解系数，d^{-1}。

$$t = Qt'/V \tag{2-7}$$

式中 Q——间歇式生物反应器每周期内的换水量，m^3；

t'——间歇式生物反应器每周期内的曝气时间，d；

t——水力停留时间，h。

$$\frac{1}{\theta_e} = a\frac{S_o - S_e}{V} - b \tag{2-8}$$

即 $$\Delta X_u = aQ(S_o - S_e) - b \cdot V \cdot X_u$$

式中 θ_e——泥龄，d；

a——污泥增长系数，kg/kg；

b——内源呼吸系数（也称衰减系数），d^{-1}；

X_u——曝气池内挥发性悬浮固体浓度（MLVSS），g/L；

其余符号同前。

三、实验仪器和试剂

活性污泥动力学系数测定虚拟仿真软件；采自二沉池入口或者好氧池出口的活性污泥；1000 mL 量筒、电子天平、布氏漏斗、烘箱、抽滤装置、滤纸、玻璃棒等。

四、实验步骤

（一）污泥动力学系数虚拟测定

污泥动力学系数测定过程费时费力。此处通过污泥动力学系数虚拟仿真软件（图

2.4）开展实验，达到快速掌握实验原理、步骤和结果计算的目的。

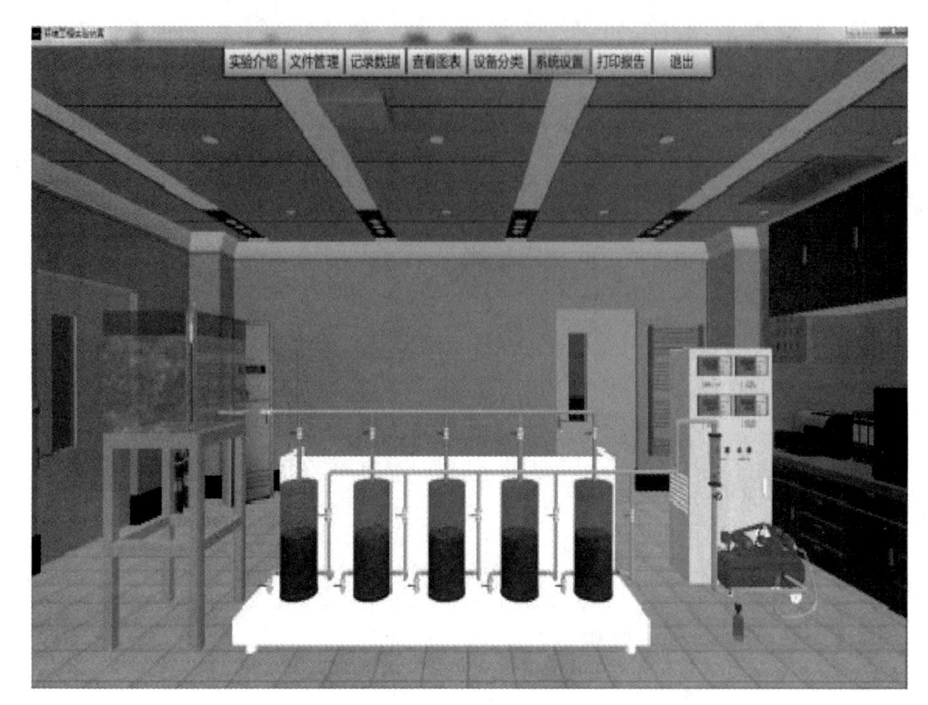

图 2.4　活性污泥动力学系数测定虚拟仿真软件界面

（1）启动电源总开关。

（2）打开水槽出口阀门，依次打开五个反应器进水的阀门，达到所需水量后自动关闭；

（3）启动空气压缩机；

（4）打开流量计开关，依次打开五个反应器进气阀门，控制气量为 60 L/h，进行曝气，曝气 20 h 后（仿真时间 2 min），关闭曝气开关。

（5）依次读取每个反应器的实验数据并做好记录。

（二）污泥其他性质测定

（1）污泥沉降比 SV（%）：它是指曝气池中取混合均匀的泥水混合液 100 mL 置于 100 mL 量筒中，静置 30 min 后，观察沉降的污泥占整个混合液的比例，记下结果。

（2）污泥浓度 MLSS：单位体积的曝气池混合液中所含污泥的干重[1]，实际上是指混合液悬浮固体的数量，单位为 g/L。测定方法如下：

① 将滤纸放在 105 °C 烘箱或水分快速测定仪中干燥至恒重，称量并记录（W_1）。

② 将该滤纸剪好平铺在布氏漏斗上（剪掉的部分滤纸不要丢掉）。

③ 将测定过沉降比的 100 mL 量筒内的污泥全部倒入漏斗，过滤（用水冲净量筒，

注：① 实为质量，包括后文的恒重、净重、重量等。但因现阶段我国环保等行业的科研、生产实践中一直沿用，为使学生了解、熟悉行业实际情况，本书予以保留。——编者注

水也倒入漏斗）。

④ 将载有污泥的滤纸移入烘箱（105 °C）或快速水分测定仪中烘干至恒重，称量并记录（W_2）。

（3）污泥指数 SVI：污泥指数全称污泥容积指数，是指曝气池混合液经 30 min 静沉后，1 g 干污泥所占的容积（单位为 mL/g）。

（4）污泥灰分和挥发性污泥浓度 MLVSS。挥发性污泥就是挥发性悬浮固体，它包括微生物和有机物，干污泥经灼烧后（600 °C）剩下的灰分称为污泥灰分。测定方法如下：

先将已知恒重的磁坩埚称量并记录（W_3），再将测定过污泥干重的滤纸和干污泥一并放入磁坩埚中，先在普通电炉上加热碳化，然后放入马弗炉内（600 °C）烧 40 min，取出放入干燥器内冷却，称量（W_4）。

五、数据处理

$$\text{MISS}=\frac{W_2-W_1}{V}\ (\text{mg/L}) \tag{2-9}$$

$$\text{SVI}=\frac{\text{SV}(\%)\times 10(\text{mL/L})}{\text{MLSS}(\text{g/L})} \tag{2-10}$$

$$\text{MLVSS}=\frac{(W_2-W_1)-(W_4-W_3)}{V}\ (\text{mg/L}) \tag{2-11}$$

式中　W_1——滤纸的净质量，mg；

W_2——滤纸及截留悬浮物固体的质量之和，mg；

V——水样体积，L。

六、结果与讨论

（1）SVI 值能较好地反映出活性污泥的松散程度（活性）和凝聚、沉淀性能，一般在 100 左右为宜。

（2）在一般情况下，MLVSS/MLSS 的比值较固定，对于生活污水处理池的活性污泥混合液，其比值常在 0.75 左右。

七、注意事项

（1）测定坩埚质量时，应将坩埚放在马弗炉中灼烧至恒重为止。

（2）在使用马弗炉时一定要注意安全，以防烧伤。

实验三　废水可生化性测定实验

一、实验目的

（1）熟悉瓦氏呼吸仪的基本构造及操作方法。

（2）理解内源呼吸线及生化呼吸线的基本含义。

（3）分析不同浓度含酚废水的生物降解性及生物毒性。

二、实验原理

微生物处于内源呼吸阶段时，耗氧的速率恒定不变。微生物与有机物接触后，其呼吸耗氧的特性反映了有机物被氧化分解的规律。耗氧量多、耗氧速率高，说明该有机物易被微生物降解；反之亦然。

测定不同时间的内源呼吸耗氧量及有机物接触后的生化呼吸耗氧量，可得内源呼吸线及生化呼吸线，通过比较即可判定废水的可生化性。当生化呼吸线位于内源呼吸线上时，废水中有机物可被微生物氧化分解；当生化呼吸线与内源呼吸线重合时，有机物可能不能被微生物降解，但它对微生物的生命活动尚无抑制作用；当生化呼吸位于内源呼吸线下时，则说明有机物对微生物的生命活动产生了明显的抑制作用。

瓦氏呼吸仪的工作原理是：在恒温及不断搅拌的条件下，使一定量的菌种与废水在定容的反应瓶中接触反应，微生物耗氧将使反应瓶中央的分压降低（释放的二氧化碳用氢氧化钾溶液吸收）。测定分压的变化，即可推算消耗的氧量。

三、实验装置

设备配置：瓦氏呼吸仪 1 台、活性污泥培养及驯化装置 1 套、反应瓶 1 套、小量瓶 1 套、测压管 1 套、橡皮连接管 1 套、恒温加热装置 1 套、控温装置 1 套、充氧泵 1 套、气体流量计 1 个、曝气器 1 套、金属电器控制箱 1 个、漏电保护开关 1 个、电源电压表 1 个、按钮开关 2 个、不锈钢台架 1 套、连接的管道及阀门等若干。

实验装置如图 2.5 所示。

四、实验步骤

（一）活性污泥的培养、驯化及预处理

以正常运行污水厂活性污泥或带菌土壤为菌种，以含酚（实际废水或人工配水）废水为营养在间歇式培养瓶中进行曝气，以培养活性污泥。

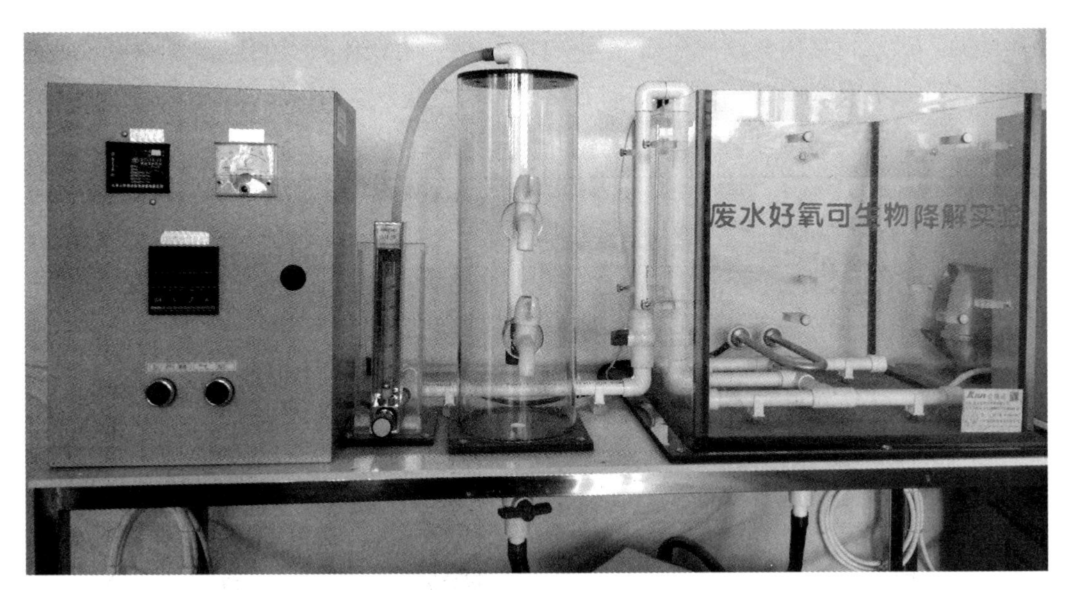

图 2.5　废水好氧可生物降解性分析装置

每天停止曝气 1 h，沉淀后去除上清液，加入新鲜含酚废水，并逐步提高含酚浓度，以达到驯化活性污泥的目的。

当活性污泥浓度足够，且对酚具有相当去除能力（去除率大于 80%）后，即认为活性污泥的培养和驯化已告完成（该过程需要 10 ~ 20 d）。停止投加营养，空曝 24 h，使活性污泥处于内源呼吸阶段。

将已培养好的活性污泥在 3000 r/min 的离心机上离心 10 min 去上清液，加入蒸馏水洗涤，在电磁搅拌器上搅拌均匀后再离心，反复 3 次，用 pH=7 的磷酸盐缓冲溶液稀释，配制成所需浓度的活性污泥悬浊液。

（二）不同浓度的含酚废水配制

按表 2.3，配制 5 种不同浓度的含酚废水。

表 2.3　不同浓度的含酚废水配制表

苯酚/$mg\cdot L^{-1}$	75	150	450	750	1500
COD/$mg\cdot L^{-1}$	157.5	315	945	1575	3150
硫酸铵/$mg\cdot L^{-1}$	22	44	130	217	435
K_2HPO_4/$mg\cdot L^{-1}$	5	10	30	51	102
$NaHCO_3$/$mg\cdot L^{-1}$	75	150	450	750	1500
$FeCl_3$/$mg\cdot L^{-1}$	10	10	10	10	10

（三）生化反应液的配制

清洁干燥的反应瓶及测压管 14 套，测压管中装好布劳第溶液备用，反应瓶中按表 2.4 要求加入各种溶液。布劳第溶液的配法：在 500 mL 蒸馏水中，溶解 32 g NaCl、5 g

牛胆酸钠、0.1 g 伊文氏蓝或酸性品红等染料，溶液相对密度为 1.033。若相对密度偏高或偏低，可用水或 NaCl 调节。另加麝香草酚酒精溶液数滴用以防腐。

表 2.4　生化反应液的配制表

反映瓶编号	反应瓶内溶液体积/mL							中央小杯中10% KOH 溶液体积/mL	液体总体积/mL	备注
	蒸馏水	活性污泥悬浮物	含酚废水浓度							
			75 mg/L	150 mg/L	450 mg/L	750 mg/L	1500 mg/L			
1,2	3							0.2	3.2	温度压力对照内源呼吸
3,4	2	1						0.2	3.2	
5,6		1	2					0.2	3.2	
7,8		1		2				0.2	3.2	
9,10		1			2			0.2	3.2	
12,11		1	2			2		0.2	3.2	
13,14		1	2				2	0.2	3.2	

注：

（1）应先向中央小杯加入 10% KOH 溶液，并将折成皱褶状的滤纸放在杯口，以扩大对 CO_2 的吸收面积，但不得使 KOH 溢出中央小杯之外。

（2）加入活性污泥悬浮液及合成废水的动作尽可能迅速，使各反应瓶开始反应的时间不致相差太多。

（四）测定步骤

在测压管磨砂接头上涂上羊毛脂，塞入反应瓶瓶口，以牛皮筋拉紧使之密封，然后放入瓦氏呼吸仪的恒温水槽中（水温预先调好至 20 °C）使测压管闭管与大气相通，振摇 5 min，使反应瓶内温度与水浴相同。

调节各测压管闭管中检压液的液面至刻度 150 mm 处，然后迅速关闭各管顶部的三通，使之与大气隔断，记录各测压管中检压液液面读数（此值应在 150 mm 附近），再开启瓦氏呼吸仪，此时刻为呼吸耗氧试验的开始时刻。

在开始实验后的 0，0.25 h，0.5 h，1.0 h，2.0 h，3.0 h，4.0 h，5.0 h，6.0 h，调整各测压管闭管液面至 150 mm 处，并记录开/关液面读数。

停止实验后，取下反应瓶及测压管，擦净瓶口及磨塞上的羊毛脂，倒去反应瓶中液体，用清洗液冲洗后置于肥皂水中浸泡，再用清水冲洗后以清洗液浸泡过夜，洗净后置于 55 °C 烘箱内烘干后待用。

五、实验数据结果整理

（1）根据实验中记录下的测压管读数（液面高度）计算耗氧量。主要计算公式如下：

$$\Delta h_i = \Delta h_i' - \Delta h \tag{2-12}$$

式中 Δh_i ——各测压计算的 Brodie 溶液液面高度变化值，mm；

Δh ——温度压力对照管中 Brodie 溶液液面高度变化值，mm；

$\Delta h_i'$ ——各测压实验的 Brodie 溶液液面高度变化值，mm。

$$X_i' = K_i \Delta h_i \text{ 或 } X_i = 1.429 K_i \Delta h_i \tag{2-13}$$

式中 X_i'，X_i ——各反应瓶不同时间的耗氧量，μL，μg；

K_i —— 各反应瓶的体积常数；

1.429——氧的容量，g/L。

$$G_i = \frac{X_i}{S_i} \tag{2-14}$$

式中 G_i ——各反应瓶不同时刻单位质量活性污泥的耗氧量，mg/g；

X_i ——各反应瓶不同时间的耗氧量，mg；

S_i ——各反应瓶中的活性污泥质量，mg。

（2）将上述计算结果整理成表格，填入表 2.5、表 2.6 中。

（3）以时间为横坐标、G_i 为纵坐标，绘制内源呼吸机不同含酚浓度废水的生化呼吸线，比较分析酚对生化呼吸过程的影响及生化处理可允许的含酚浓度。

六、注意事项

读数及记录操作应尽可能迅速，作为温度及压力对照的 2、1 两瓶分别在第一个及最后一个读数，以修正操作时间的影响（即从测压管 2 开始读数，然后 3、4、5……最后是测压管 1）。读数、记录全部操作完成即迅速开启开关，使实验继续进行，待测压管读数降至 50 mm 以下时，需开启闭管顶部三通放气。再将闭管液位调至 150 mm，并记录此时开管液位高度。

七、思考题

（1）利用瓦氏呼吸仪测定废水可生化性是否可靠？有何局限性？

（2）在实验过程中发现了哪些异常现象？试分析其原因及解决方法。

（3）了解其他鉴定可生化性的方法。

表 2.5　瓦氏呼吸仪实验基本条件及记录表

实验日期　　年　　月　　日

项目	反应瓶号	营养投量/mL	营养液投量/mL	污泥量/mg	测压管读数及 Δh 值	时间/h										预处理条件
						0	0.25	0.5	1	2	3	4	5	6	7	
内源呼吸			0		压力计读数											
					压力差 Δh_1											
			0		压力计读数											
					压力差 Δh_2											
					温压计平均数											
					$\Delta h=\frac{\Delta h_1+\Delta h_2}{2}$											
			1		压差计读数											
					压力差											
					实际压力差 Δh											
			0		压差计读数											
					压力差											
					实际压力差 Δh											
		2	1		压差计读数											
					压力差											
					实际压力差 Δh											
		2	1		压差计读数											
					压力差											
					实际压力差 Δh											

表 2.6　瓦氏呼吸仪实验计算表

项目	反应瓶号	$K\times1.429$	污泥量/mg	计算	时间 t/h										计算项目				
					0.25	0.5	1	2	3	4	5	6	7		$\sum\Delta h$				
				Δh/mm															
				X_i															
				G_i															
				$\sum G_i$															
				Δh/mm															
				X_i															
				G_i															
				$\sum G_i$															
				Δh/mm															
				X_i															
				G_i															
				$\sum G_i$															
				Δh/mm															
				X_i															
				G_i															
				$\sum G_i$															
				Δh/mm															
				X_i															
				G_i															
				$\sum G_i$															

实验四　曝气充氧能力测定实验

一、实验目的

活性污泥法处理过程中曝气设备的作用是使空气、活性污泥和污染物三者充分混合，使活性污泥处于悬浮状态，促使氧气从气相转移到液相，从液相转移到活性污泥上，保证微生物有足够的氧对有机污染物进行氧化降解。由于氧的供给是保证生化处理过程正常进行的主要因素之一，因而需通过实验测定氧的总传递系数 K_{La}，评价曝气设备的供氧能力和动力效率，为合理选择曝气设备提供理论依据。通过本实验希望达到以下目的：

（1）掌握测定曝气设备的氧总传递系数和充氧能力的方法；

（2）掌握测定修正系数 α、β 的方法；

（3）了解各种测试方法和数据整理的方法。

二、实验原理

评价曝气设备充氧能力的方法有两种：① 不稳定状态下的曝气试验，即试验过程中溶解氧浓度是变化的，由零增加到饱和浓度；② 稳定状态下的试验，即试验过程中溶解氧浓度保持不变。本实验仅进行在实验室条件下进行的清水和污水在不稳定状态下的曝气试验。

实验装置的主要部分为泵型叶轮和模型曝气池，如图 2.6 所示。也可不用泵型叶轮在池内放置曝气器，池外放置充氧泵，通过气管同曝气器连接。用清水或污水进行曝气实验时，先用无水亚硫酸钠（Na_2SO_3）去除水中溶解氧，然后进行曝气，直至水中溶解氧浓度升高到接近饱和的水平。比较曝气设备充氧能力时，一般认为用清水进行试验较好。

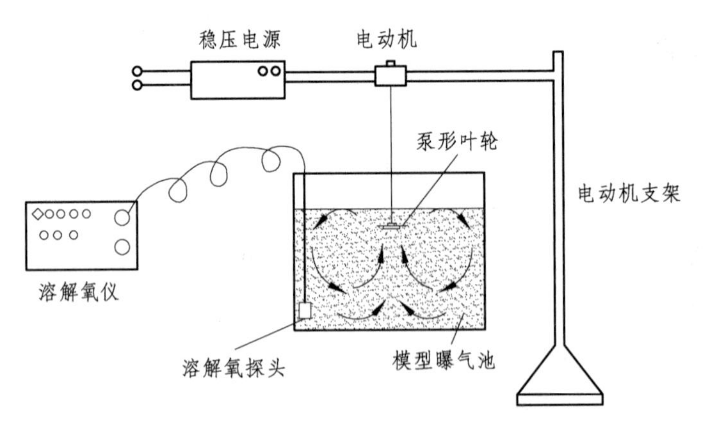

图 2.6　曝气充氧能力测定装置示意图

活性污泥法是采取一定的人工措施，创造适宜的条件，强化活性污泥微生物的新陈代谢作用，加速污水中有机物降解的生物处理技术。

这里所指的重要的人工措施主要为了实现两个目的：① 向活性污泥反应器——曝气池中提供足够的溶解氧，以保证活性污泥微生物生化作用所需氧；② 使反应器中的活性污泥与污水充分混合，保持池内微生物、有机物、溶解氧，即泥、水、气三者充分混合。在实际工程中这两个目的就是通过曝气这一手段实现的。

所谓曝气，就是人为地通过一些设备，加速向水中传递氧的一种过程。现行通过曝气方法主要有三种，即鼓风曝气、机械曝气、鼓风机械曝气。对于氧转移的机理在水处理界比较公认的是刘易斯（Lewis）与怀特曼（Whitman）创建的双膜理论。它的内容是：在气液两相接触界面两侧存在着气膜和液膜，它们处于层流状态，气体分子从气相主体以分子扩散的方式经过气膜和液膜进入液相主体，氧转移的动力为气膜中的氧分压梯度和液膜中的氧的浓度梯度，传递的阻力存在于气膜和液膜中，而且主要存在于液膜中，如图 2.7 所示。

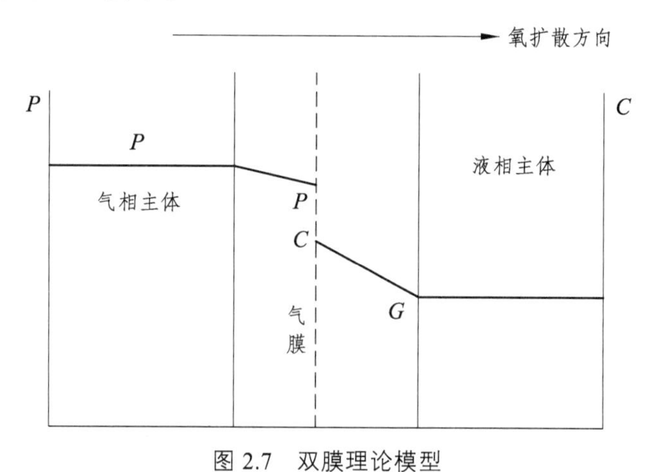

图 2.7　双膜理论模型

影响氧转移的因素主要有温度、污水性质、氧分压、水的紊流程度、气液之间接触时间和面积等。

氧转移的基本方程式为

$$\frac{\mathrm{d}c}{\mathrm{d}t}=K_{\mathrm{La}}(C_{\mathrm{S}}-C) \tag{2-15}$$

$$K_{\mathrm{La}}=D_{\mathrm{L}}\cdot A/X_{\mathrm{f}}V \tag{2-16}$$

式中　$\frac{\mathrm{d}c}{\mathrm{d}t}$——液相主体中氧转移速度，mg · L^{-1} · min^{-1}；

C_{s}——液膜处饱和溶解氧浓度，mg/L；

C——液相主体中溶解氧浓度，mg/L；

K_{La}——氧总转移系数；

D_{L}——氧分子在液膜中的扩散系数；

A ——气液两相接触界面面积，m^2；

X_f ——液膜厚度，m；

V ——曝气液体容积，L。

由于液膜厚度 X_f 及两相接触界面面积很难确定，因而用氧总转移系数 K_{La} 值代替。K_{La} 值与温度、水紊动性、气液接触面面积等有关。它指的是在单位传质动力下，单位时间内向单位曝气液体中充氧量，它是反映氧转移速度的重要指标。

三、实验设备及试剂

曝气充氧能力测定装置如图 2.8 所示。

图 2.8　曝气充氧能力测定实验装置图

（1）技术指标：机械曝气最大转速：1500 r/min；反应器尺寸：直径×高= ϕ300 mm×400 mm；溶解氧测定时间 1 ~ 15 min；最大饱和溶解氧浓度 15 mg/L；设备功率：220 W/200 W；装置总体外形尺寸：550 mm×400 mm×(1300±15) mm。

配套装置：有机玻璃曝气池 1 个、泵型叶轮 1 套、不锈钢传动轴 1 套、高速电机 1 台、可控硅无极调速器 1 套、曝气深度调节装置 1 套、取样阀 2 个、放水阀 1 个、不锈钢实验台架 1 个。

（2）温度计、秒表（计时器）。

（3）碘量法测定溶解氧所需药品及容器。

（4）实验用水样。

（5）脱氧剂：无水亚硫酸钠。

（6）催化剂：0.1 mg/L 氯化钴。

四、实验步骤

（一）虚拟仿真实验

通过曝气充氧虚拟仿真软件（图 2.9）开展实验。目的是熟悉实验原理、流程、相关计算，为后续实物装置实验的成功开展奠定良好的基础。

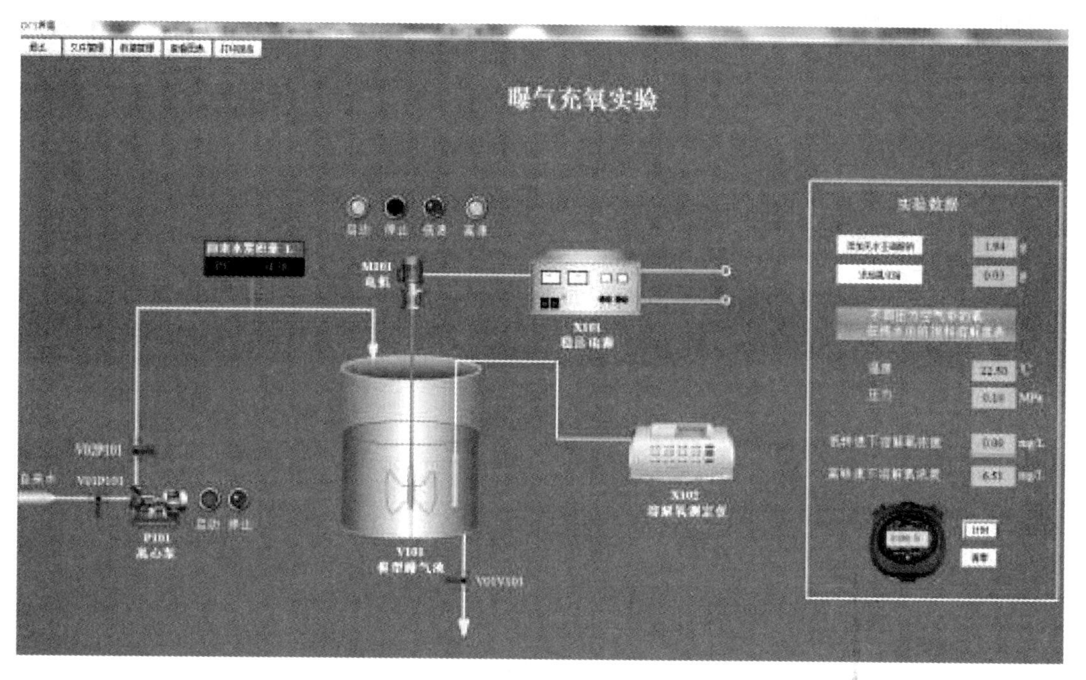

图 2.9　曝气充氧虚拟仿真软件界面

（1）打开泵前阀，启动泵后，打开泵后阀，向模型曝气池中注入自来水（至曝气叶轮表面稍高处）。

（2）当自来水累积量达到 18.8 L 时，关闭泵后阀。

（3）停止泵，关闭泵前阀。

（4）点击“添加无水亚硫酸钠”按钮，加入脱氧剂无水亚硫酸钠 1.94 g。

（5）点击“添加氯化钴”按钮，加入催化剂氯化钴 0.03 g。

（6）启动曝气叶轮，点击“低速”按钮，轻微搅拌进行脱氧。

（7）待低转速下溶解氧读数降低到 0 时，叶轮调至“高速”，加快叶轮转速（此时曝气充氧）。

（8）叶轮调至“高速”的同时及时点击“计时”按钮，开始计时。

（9）计时到 0.02 ~ 0.04 h 时开始记录模型曝气池中高转速下溶解氧浓度，每隔 0.005 h 记录一次，直至溶解氧浓度值达到 8.6 mg/L（饱和）且不变时停止实验（取实验中间的 15 组数据做曲线关系）。

（10）实验结束后停止曝气叶轮。

（11）打开模型曝气池排液阀。

（12）当模型曝气池排液完成后，关闭排液阀。

（二）实物装置实验

（1）将待曝气污水和清水分别注入混合反应器中。

（2）从混合反应器取样测定溶解氧浓度，计算脱氧剂无水亚硫酸钠和催化剂氯化钴的投加量。

（3）将所称得的脱氧剂用温水化开，加入混合反应器中，并加入一定量的催化剂充分混合，反应大约 10 min。

（4）待反应器内溶解氧降为 0 后，打开机械曝气装置，向混合反应器内曝气，并开始计时间，当时间为 1 min、2 min、3 min、4 min、5 min、7 min、9 min、11 min、13 min、15 min……取样测定溶解氧浓度，直至溶液中溶解氧浓度稳定（即饱和）为止，并将清水及污水中的饱和值分别记为 CS、CS′。

（5）记录数据，填入表 2.7 中。

表 2.7　曝气对比实验数据记录

	瓶号	时间/min	滴定的药量		（V_2-V_1）/mL	溶解氧浓度/mg·L^{-1}
			V_1/mL	V_2/mL		
清水实验						
污水实验						
清水饱和溶解氧浓度						
污水饱和溶解氧浓度						

五、思考题

（1）简述曝气在活性污泥生物处理法中的作用。

（2）简述曝气充氧原理及影响氧转移因素。

（3）分析曝气的种类及各自特点。

（4）氧总转移系数 K_{La} 的意义是什么？

（5）简述 α 和 β 的意义。

（6）α 和 β 受哪些因素影响？为什么？

实验五　活性炭固定床吸附实验

一、实验目的

活性炭处理工艺是运用吸附的方法，去除水和废水中异味、某些离子及难生物降解的有机物。在吸附过程中，活性炭比表面积起着主要作用。被吸附物质在水中的溶解度也直接影响吸附的速度。此外，pH 的高低、温度的变化和被吸附物质的分散程度也对吸附速度有一定的影响。通过本实验确定活性炭对水中所含某些杂质的吸附能力。

（1）掌握吸附实验的基本操作过程。

（2）加深理解吸附的基本原理。

（3）掌握吸附等温线的物理意义及其功能。

（4）掌握活性炭吸附实验的数据处理方法。

（5）了解不同活性炭的吸附性能及其选择方法。

（6）掌握用实验方法（连续流法）确定活性炭吸附处理污水的设计参数的方法。

二、实验原理

活性炭具有良好的吸附性能和稳定的化学性质，是目前国内外应用比较多的一种非极性吸附剂。与其他吸附剂相比，活性炭具有微孔发达、比表面积大的特点。通常比表面积可以达到 500～1700 m^2/g，这是其吸附能力强，吸附容量大的主要原因。

活性炭吸附主要为物理吸附。吸附机理是活性炭表面的分子受到不平衡的力，而使其他分子吸附于其表面上。当活性炭在溶液中的吸附处于动态平衡状态时成称吸附平衡，达到平衡时，单位活性炭所吸附的物质的量成为平衡吸附量。在一定的吸附体系中，平衡吸附量是吸附浓度和温度的函数。为了确定活性炭对某种物质的吸附能力，需进行虚浮试验。被吸附物质在溶液中的浓度和在活性炭表面的浓度均不在再化，此时被吸附物质在溶液中的浓度称为平衡浓度。活性炭的吸附能力以吸附量 q 表示，即

$$q=\frac{V(c_0-c)}{m} \tag{2-17}$$

式中　q ——活性炭吸附量，即单位质量的吸附剂所吸附的物质的质量，g/g；

V ——污水体积，L；

c_0，c ——吸附前原水、吸附平衡时污水中物质的浓度，g/L；

m——活性炭投加量，g。

在温度一定的条件下，活性炭的吸附量 q 与吸附平衡时的浓度 c 之间的关系曲线称为吸附等温线。在水处理工艺中，通常用的等温线有 Langmuir 和 Freundlich 等。其中 Freundlich 等温线的数学表达式为

$$q = Kc^{\frac{1}{n}} \tag{2-18}$$

式中 K——与吸附剂比表面积、温度和吸附质等有关的系数；

n——与温度、pH、吸附剂及被吸附物质的性质有关的常数；

q——活性炭吸附量，即单位质量吸附剂所吸附的物质的质量，g/g；

c——吸附平衡时污水中物质的浓度，g/L。

K 和 n 可通过间歇式活性炭吸附试验测得。将上式取对数后变换为

$$\lg q = \lg K + \frac{1}{n}\lg c \tag{2-19}$$

将 q 和 c 相应值绘在对数坐标上，所得直线斜率为 $\frac{1}{n}$，截距为 K。

由于间歇式静态吸附法处理能力低，设备多，故在工程中多采用活性炭进行连续吸附操作。连续流活性炭吸附性能可用博哈特（Bohart）和亚当斯（Adams）关系式表达，即

$$\ln\left[\frac{c_0}{c_B}-1\right] = \ln\left[\exp\left(\frac{kNH}{v}\right)-1\right] - kc_0t \tag{2-20}$$

因 $\exp\left(\frac{kNH}{v}\right) \gg 1$，所以式（2-20）等号右边括号内的 1 可忽略不计，则工作时间 t 由式（2-20）可得

$$t = \frac{N}{C_0v}\left[H - \frac{v}{kN}\ln\left(\frac{c_0}{c_B}-1\right)\right] \tag{2-21}$$

式中 t——工作时间，h；

v——流速，即空塔速度，m/h；

H——活性炭层高度，m；

k——速度常数，m^3/(mg/h)或 L/(mg/h)；

N——吸附容量，即达到饱和时被吸附物质的吸附量，mg/L；

c_0——入流溶质浓度，mol/m^3 或 mg/L；

c_B——允许流出溶质浓度，mol/m^3 或 mg/L。

工作时间为零的时候，能保持出流溶质浓度不超过 c_B 的炭层理论高度称为活性炭层的临界高度 H_0。其值可根据上述方程当 t=0 时进行计算，即

$$H_0 = \frac{v}{kN}\ln\left(\frac{c_0}{c_B}-1\right) \tag{2-22}$$

在实验时，如果取工作时间为 t，原水样溶质浓度为 c_{01}，用三个活性炭柱串联，第一个柱子出水为 c_{B1}，即为第二个活性炭柱的进水 c_{02}，第二个活性炭柱的出水为 c_{B2}，就是第三个活性炭柱的进水 c_{03}，由各柱不同的进出水浓度可求出流速常数 k 值及吸附容量 N。

三、实验装置及材料

本实验装置为两根活性炭柱并联的连续流吸附设备（图 2.10）。在有机玻璃柱内装填颗粒活性炭。吸附是一种物质附着在另一种物质表面的过程。当活性炭对水中所含杂质吸附时，水中的溶解性杂质在活性炭表面积聚而被吸附，同时也有一些被吸附物质，由于分子的运动而离开活性炭表面，重新进入水中，即发生解吸现象。当吸附和解吸处于动态平衡状态时，称为吸附平衡，这时活性炭和水之间的溶质浓度分配比例处于稳定状态。

外形尺寸：吸附柱直径 ϕ100 mm×2000 mm×2 根；

装置总长×总宽×总高=1200 mm×800 mm×2300 mm；

活性炭装填厚度：700 ~ 1500 mm；

实验滤速：5 ~ 15 m/h；

进出水 pH：6 ~ 9；进水 COD：100 ~ 300 mg/L；出水 COD：20 ~ 60 mg/L；

吸附效率：约 80%；吸附温度：常温。

图 2.10　活性炭固定床吸附装置

本装置为 2 根吸附柱（并联），内有进水管、排水管、反冲洗进水管、反冲洗出水管、排空管、取样口等。

配套实验装置：包括进水流量计 1 个、反冲洗流量计 1 个、配水水箱 1 个、反冲洗水箱 1 个、防腐进水泵 1 台、取样阀 12 个、喷淋装置 2 套、活性炭吸附剂 1 套、电器开关 1 套、不锈钢可移动实验设备台架 1 套、连接的管道、阀门、开关等、活性炭、COD 测定装置、酸度计 1 台、温度计 1 只等。

四、实验步骤

连续流吸附实验：

（1）配制水样或取自实际废水，使原水样中含 COD 约 100 mg/L，测出具体 COD、pH、水温等数值。

（2）打开进水阀门，使原水进入活性炭柱，并控制为 3 个不同流量（建议滤速分别为 5 m^3/h、10 m^3/h、15 m^3/h）。

（3）运行稳定 5 min 后测定各活性炭出水 COD 值。

（4）连续运行 2 ~ 3 h，每隔 30 min 取样测定各活性炭柱出水 COD 值一次。

（5）记录原始资料和测定结果。

五、实验数据及结果整理

（1）实验测定结果按表 2.8 填写。

原水 COD 浓度 c_0=　　　　mg/L，水温=　　　°C，pH=　　　，

活性炭吸附容量 N_0=　　　　g/g 活性炭。

表 2.8　连续流吸附实验记录表

工作时间 t/min	1#柱			2#柱			3#柱			出水 c_B /$mg\cdot L^{-1}$
	c_{01} /$mg\cdot L^{-1}$	H_1 /m	v_1 /$m^3\cdot h^{-1}$	c_{02} /$mg\cdot L^{-1}$	H_2 /m	v_2 /$m^3\cdot h^{-1}$	c_{03} /$mg\cdot L^{-1}$	H_3 /m	v_3 /$m^3\cdot h^{-1}$	

（2）由表 2.8 所得 t-H 直线关系的截距，即为式（2-21）中的 $\frac{1}{Kc_0}\ln\left(\frac{c_0}{c_B}-1\right)$，应用该关系式求出 K 值，然后推算出 c_B=10 mg/L 时活性炭柱的工作时间。

六、注意事项

连续流吸附实验中，如果第一个活性炭柱出水中 COD 值很小，小于 20 mg/L，则可增大流量或停止后即吸附柱进水。反之，如果第一个吸附柱出水 COD 与进水浓度相差甚小，可减少进水量。

七、思考题

（1）吸附等温线有什么实际意义？做吸附等温线时为什么要用粉末活性炭？

（2）讨论吸附穿透曲线对分析固定床吸附的意义。

第三章 水中新型有机污染物检测及控制实验

本章主要以水体中有机污染物为研究对象，介绍其在水体的检测方法和去除技术。针对近年来水体中农药、抗生素类药物检出率高等特点，选择新型污染物四环素类抗生素和持久性有机污染物（POPs）六氯环己烷为检测目标物，分别在液相色谱仪和气相色谱质谱仪上，利用外标定量法和内标定量法对其进行浓度分析。此外，基于新型污染物有机磷酸酯阻燃剂（OPFRs）在环境检出率高、高残留等特点，分别用物理、化学、微生物的降解方法开展污染物去除的探索实验。其中，物理控制法为活性炭吸附，化学控制法为均相体系高级氧化，微生物控制法为好氧微生物去除。

第一节　水中新型有机污染物检测实验

实验一　外标法测定水中 PPCPs——四环素类抗生素

自从青霉素问世以来，人类开始在医疗卫生、家禽饲养、水产养殖、食品加工等行业广泛使用抗生素。目前广泛使用的抗生素按其化学结构分为 β-内酰胺类、喹诺酮类、四环素类、氨基糖苷类、大环内酯类、多肽类等。大多数抗生素以原始或被转化形式排入污水中随污水进入污水处理厂。而城市污水处理厂的常规处理工艺（混凝-沉淀-过滤-消毒过程）很难有效去除，所以经处理后的水体仍含有一定量的抗生素残留。而抗生素及其衍生物可能通过饮用水进入人体，对居民安全用水及整个生态环境系统构成了长期潜在威胁。目前，药品和个人护理用品类污染物（Pharmaceuticals and Personal Care Products，PPCPs）已成为一类常见的污染物。现行的饮用水水质标准中 106 项指标尚未包括抗生素的检测，因此建立水中痕量抗生素的快速、高灵敏的分析方法迫在眉睫。本实验选取四环素类药物为研究对象，采集污水处理厂进水和出水，通过外标法测定该类物质的浓度分布特征，以期为后续新型污染物的监测提供一定的理论依据。

一、实验目的

（1）掌握外标法定量的原理与方法。

（2）掌握定性分析的原理与方法。

（3）了解固相萃取装置的原理。

二、实验原理

利用固相萃取（Solid Phrase Extraction，SPE）装置用 HLB（乙烯吡咯烷酮）小柱净化，将污染物吸附于小柱填料颗粒上，再用溶剂洗脱，收集洗脱液经氮气吹干后，用液相色谱仪（HPLC）测定。采用外标峰面积定量。

三、仪器和设备

（1）高效液相色谱仪：配有紫外检测器。

（2）色谱柱：Incrtsil C_8-3 柱（3.5 μm，250 mm×4.6 mm）。

（3）固相萃取装置：HLB（200 mg，6 mL）固相萃取小柱（图 3.1）。

（4）过滤装置：真空抽滤装置、真空泵、水相过滤膜（50 mm×0.45 μm）、针筒过滤器、聚四氟乙烯（PTFE）滤膜（孔径 0.22 μm）。

（5）移液器：量程分别为 20 μL、200 μL、1000 μL。

（6）pH 计。

（7）超声波清洗机。

（8）氮吹仪。

（a）

（b）

图 3.1　固相萃取装置实物图

四、试剂和材料

（1）待测标准品：二甲胺四环素（CAS：10118-90-8）、四环素（CAS：60-54-8）、金霉素（CAS：57-62-5）、土霉素（CAS：6153-64-6）。

（2）乙二胺四乙酸二钠（$Na_2EDTA\cdot 2H_2O$）。

（3）甲醇、乙腈（均为高效液相色谱纯）。

（4）乙酸乙酯。

（5）三氟乙酸：10 mmol/L。量取 0.765 mL 三氟乙酸于 1000 mL 容量瓶中，加水定容。

（6）盐酸。

（7）抗坏血酸。

（8）高纯氮气：纯度 99.999%。

（9）超纯水。

（10）甲醇-水溶液（体积比 1∶19）：量取 5 mL 甲醇与 95 mL 纯水混合。

（11）甲醇-乙酸乙酯溶液（体积比 1∶9）：量取 10 mL 甲醇与 90 mL 纯水混合。

（12）甲醇-三氟乙酸溶液（体积比 1∶19）：量取 5 mL 甲醇与 95 mL 10 mmol/L 三氟乙酸水溶液混合。

（13）容量瓶、量筒。

五、实验步骤

（一）样品采集及处理

1. 样品采集

参照《地表水和污水监测技术规范》（HJ/T 91—2002）布设采样点 4 个（进水、出水），分别采集水样 1.5 L，用聚乙烯塑料瓶盛装。采集采样时填写采样记录表，详见表 3.2。

2. 样品处理（详见图 3.2）

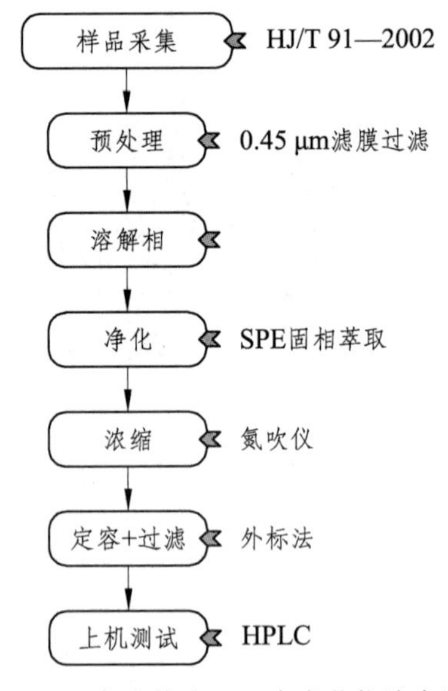

图 3.2　测定水体中四环素类药物浓度流程

（1）样品预处理

用针筒抽取 500 mL 水样，随后经过 PTFE 滤膜过滤，将滤液收集于干净的蓝盖瓶内。向其中依次加入 1.0 g $Na_2EDTA·2H_2O$ 和 50 mg 抗坏血酸，避免金属离子的干扰和待测化合物氧化。

（2）活化固相萃取小柱

使用盐酸将水样的 pH 调节到 4。依次用 5 mL 甲醇、5 mL 超纯水和 6 mL pH 为 4 的超纯水对 HLB 固相萃取小柱进行活化。

（3）净化

水样以大约 1 mL/min 的流速过 HLB 固相萃取小柱。待水样完全流出后，依次用 10 mL 超纯水、10 mL 甲醇-水淋洗固相萃取柱，弃去全部流出液，真空抽干 5 min。最后用 10 mL 甲醇-乙酸乙酯溶液洗脱干燥后的固相萃取小柱，收集洗脱液。

步骤（2）（3）流程详见图 3.3。

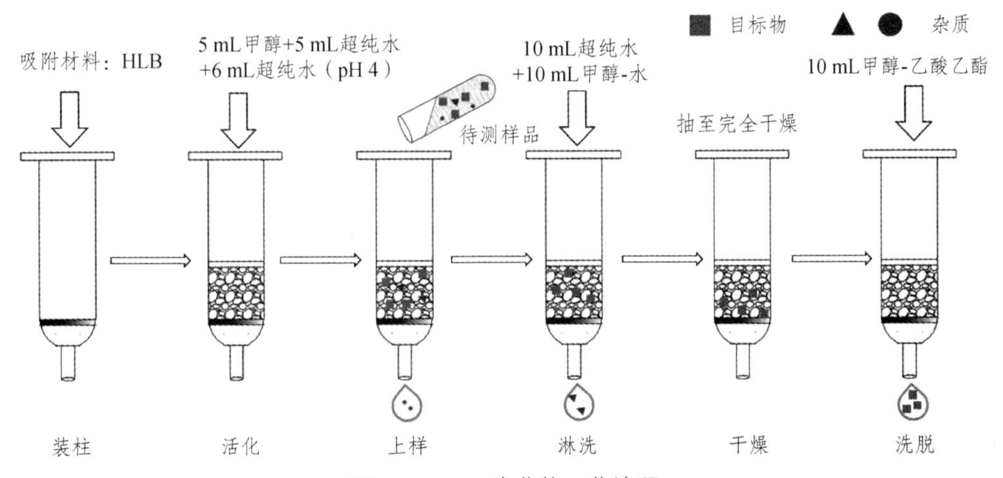

图 3.3 HLB 净化柱工作流程

（4）浓缩定容

将洗脱液置于氮吹仪下浓缩至近干，用 0.5 mL 甲醇-三氟乙酸溶液定容，经 0.22 μm PTFE 滤膜过滤，转移至 1.5 mL 螺纹棕色进样瓶中。

（5）标准品配制

分别配制混合标准品溶液（二甲胺四环素、四环素、金霉素、土霉素），浓度梯度分别为 10 μg/L、20 μg/L、40 μg/L、60 μg/L 和 100 μg/L。

注：该浓度梯度视实际样品浓度而调整。

（二）仪器条件

（1）流动相为甲酸（A）、乙腈（B）、10 mmol/L 三氟乙酸（C），流速和洗脱梯度见表 3.1。

（2）柱温 35 °C。

（3）进样量为 5 μL。

（4）流速：400 μL/min。

（5）检测波长 350 nm。

表 3.1　分离四环素类药物的液相色谱洗脱梯度

时间/min	A 的深度/%	B 的深度/%	C 的深度/%
0	1	4	95
5.0	6	24	70
9.0	7	28	65
12.0	0	35	65
15.0	0	35	65

注：以上流动相在使用前需超声 30 min，去除溶液中气泡。

六、数据处理

（一）定性测试

待测样品中化合物色谱峰的保留时间与标准溶液相比变化范围应在±2.5%之内。

（二）定量测试

采用外标法定量，按下式计算污染物浓度：

$$c_i = \frac{A_i \times c_s \times V_{定}}{A_s \times V_{采}}$$

式中　c_i——样品中待测物含量，μg/L；

A_i——测试溶液中待测组分峰面积；

A_s——标准溶液中待测组分峰面积；

c_s——标准溶液中待测物含量，μg/L；

$V_{定}$——洗脱液定容体积，L；

$V_{采}$——水样取样体积，L。

七、质量保证和质量控制

（一）空白对照

实验过程中设置现场空白、实验室空白和仪器空白以确保从采样、前处理至仪器分析整个实验过程中不会引入污染。

（1）现场空白用于监测样品采集与运输过程中可能引入的污染。每次采样设置 1 个现场空白样品。将盛有 500 mL 超纯水的采样瓶放至采样现场并打开瓶盖，采样结束后将其与样品一同运输回实验室。

（2）实验室空白用于监测前处理过程中可能引入的污染，每批前处理设置 1 个实验室空白。前处理时，将 500 mL 超纯水置于采样瓶中，与其他样品一同进行前处理。

（3）仪器空白用于监测仪器分析过程中可能引入的污染，本实验中将纯甲醇试剂作为仪器空白。仪器分析时，每批分析序列前后各设置 1 个仪器空白。在分析序列中，每分析 20 个样品设置 1 个仪器空白。

（二）平行样品

每 20 个水样设置一个平行实验，计算其相对标准偏差。

八、数据记录

（1）采样数据记录单（详见表 3.2）。

表 3.2　采样记录表

序号	采样口位置	采样时间	颜色	备注
1				
2				
3				
4				

（2）色谱检测四环素类药物保留时间（表 3.3），水样中四环素类污染物浓度分布（表 3.4）。

表 3.3　四环素类药物色谱保留时间

化合物	CAS	保留时间	化学结构式
二甲胺四环素	10118-90-8		
四环素	60-54-8		
金霉素	57-62-5		
土霉素	6153-64-6		

表 3.4　水样中四环素类污染物浓度分布

样品编号	二甲胺四环素	四环素	金霉素	土霉素	∑总
1					
2					
3					
4					
空白-1					
空白-2					
空白-3					

（3）水样中四环素类药物浓度分布（见表 3.5）。

表 3.5 水样中四种四环素类药物含量统计（$\mu g \cdot L^{-1}$）

化合物	最小值	最大值	平均值	标准偏差	检出率
二甲胺四环素					
四环素					
金霉素					
土霉素					

九、问题与讨论

（1）为何实验步骤中水样需要过两次滤膜？

（2）简述本实验中净化小柱与本节实验二中 SiO_2-Al_2O_3 填充柱净化样品的区别。

（3）简述 HPLC 进行化合物定性的原理，说明其优缺点。

实验二　内标法测定水中 POPs——HCHs

六氯环己烷（Hexachlorocyclohexanes，HCHs）又名六六六，是一类作用于昆虫神经的广谱杀虫剂，因其生产工艺简单、造价低廉，曾于 20 世纪被广泛应用于农业。Cl 原子空间排列的差异导致合成的 HCH 具有 8 种立体异构体，依次为 α-HCH 至 θ-HCH。在以上异构体中，仅有 α-HCH、β-HCH、γ-HCH、δ-HCH 是稳定的，各自占比 55%～80%、5%～14%、8%～15%、2%～16%[1]。α-HCH 至 δ-HCH 的分子结构如下。

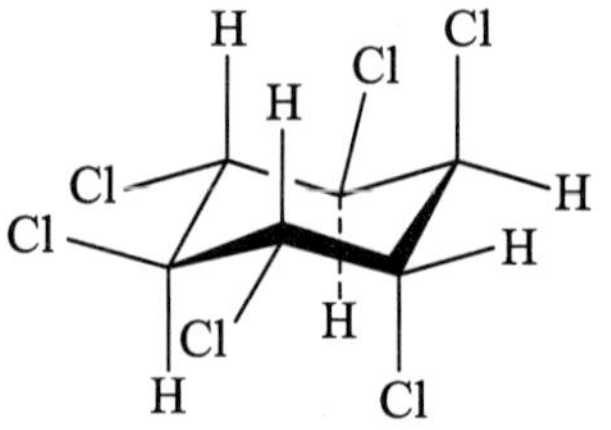

（+）α-HCH 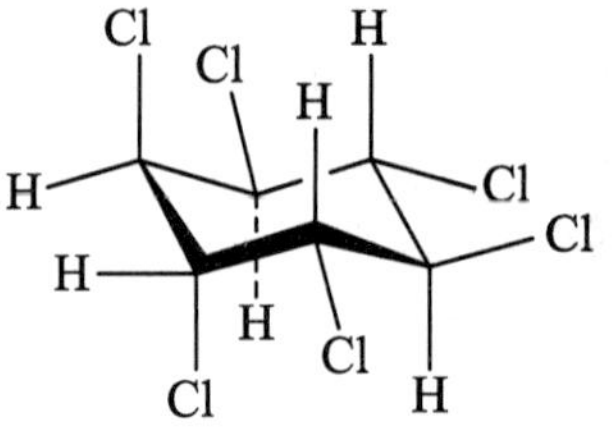　　（−）α-HCH

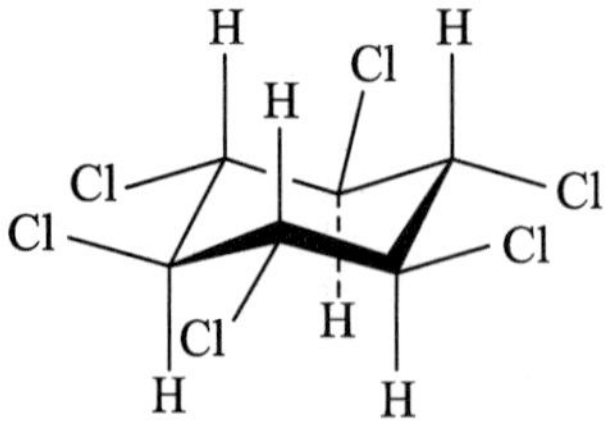

β-HCH 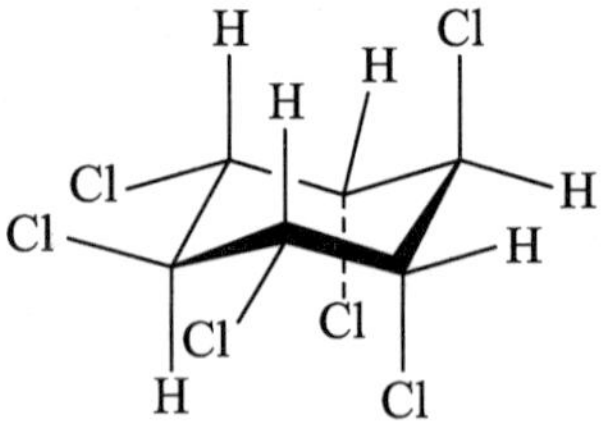　　γ-HCH 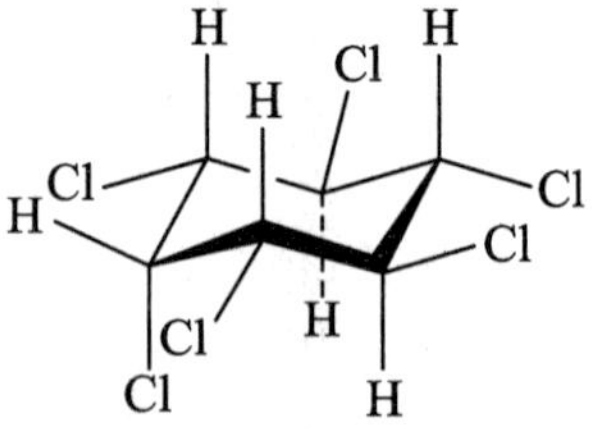　　δ-HCH

注：其中 α-HCH 具有 2 个手性结构，分别为(+)α-HCH 和(−)α-HCH。

由于 HCHs 具有持久性、“三致”效应、生物累积性和远距离迁移性等特点而受到世界各国的关注，是斯德哥尔摩公约禁用的一类持久性污染物（Persistent Organic Pollutants，POPs），隶属于有机氯农药。虽然 HCHs 在我国已被禁用超过 20 年，可是由于其较高的使用量和稳定的化学结构，其在土壤介质中的检出率依然很高。随着地表径流的淋滤和冲刷，部分土壤颗粒进入水环境造成 HCHs 的面源污染。本实验选择 HCHs 作为研究对象，采用内标定量法检测环境赋存浓度，通过该实验的操作和学习为类似污染物的检测提供一定支撑。

一、实验目的

（1）掌握内标法测定原理与方法。

（2）掌握气相色谱质谱的使用方法。

（3）了解水体中溶解相、悬浮颗粒物中 HCHs 的浓度分布特征。

二、实验原理

土壤/水体中有机氯农药适合采用的萃取方法（索氏提取、液液萃取等）提取，根据样品基质干扰情况选择合适的净化方法（铜粉脱硫、硅胶-氧化铝柱），对提取液净化、再浓缩、定容，经气相色谱分离、质谱检测。根据标准物质质谱图、保留时间、碎片离子质荷比及其丰度定性。内标法定量。

三、仪器和设备

（1）气相色谱/质谱仪。

（2）色谱柱：石英毛细管柱，固定相为 5%苯基-甲基聚硅氧烷（DB-5），长 30 m，内径 0.25 mm，膜厚 0.25 μm。

（3）提取装置：索氏提取套筒（蛇形冷凝管、抽提筒、平底单口烧瓶）、梨形分液漏斗（四氟活塞）、电热恒温水浴锅、低温冷却水循环泵。

（4）浓缩装置：旋转蒸发仪、氮吹仪、真空泵、高纯 N_2（纯度≥ 99.999 %）。

（5）过滤装置：真空抽滤装置、真空泵、水相过滤膜（50 mm×0.45 μm）。

（6）浓缩装置：旋转蒸发仪、循环水泵。

（7）分析天平。

（8）玻璃层析柱。

（9）烘箱。

（10）马弗炉。

（11）其他器皿：鸡心瓶、玻璃层析柱、具塞磨口玻璃瓶、具塞平底烧瓶、量筒（100 mL、1 L）、胶头滴管、镊子、螺纹进样瓶（1.5 mL）、干燥皿、微量进样针（500 μL）、容量瓶（100 mL）。

（12）载气：高纯氦气（纯度≥99.999%）。

详细仪器装置见图 3.4、图 3.5。

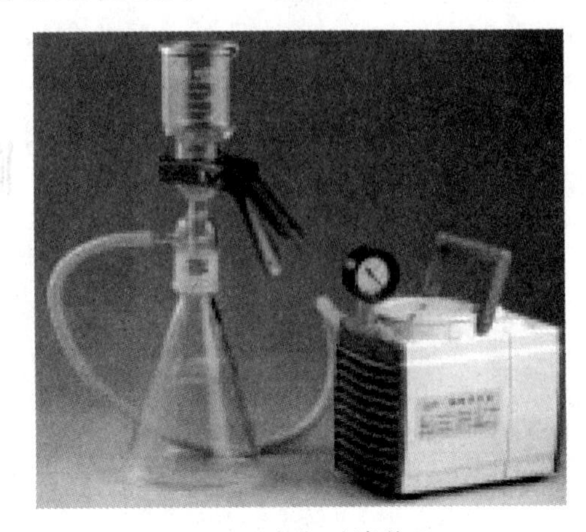

图 3.4 真空过滤装置

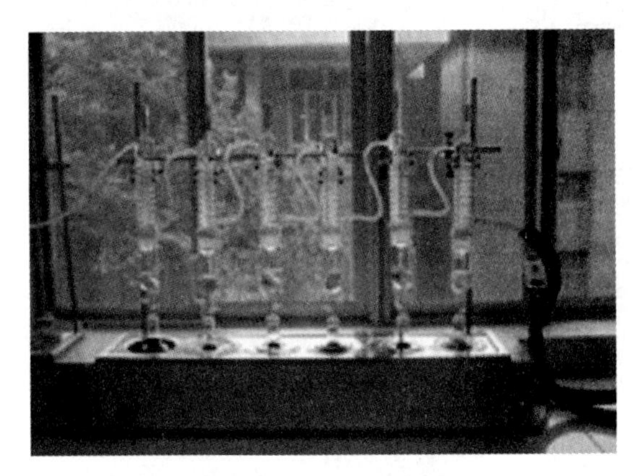

（a）索氏提取

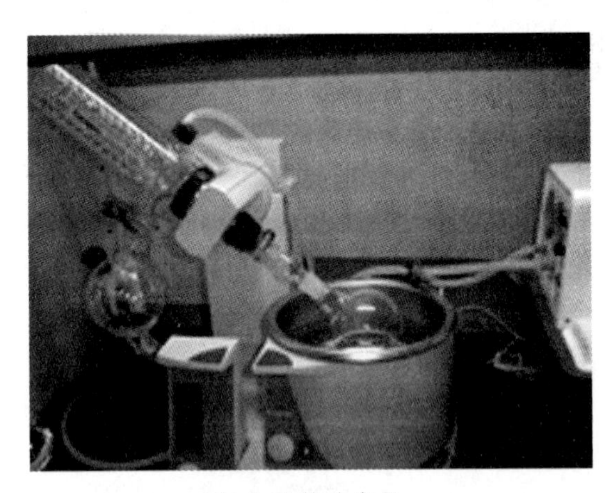

（b）旋转蒸发仪

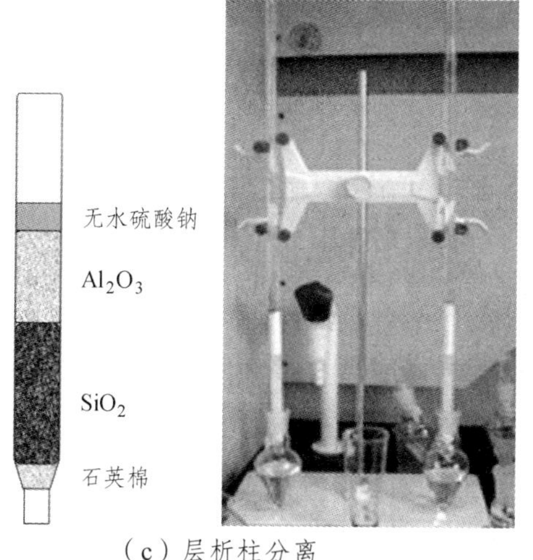

（c）层析柱分离

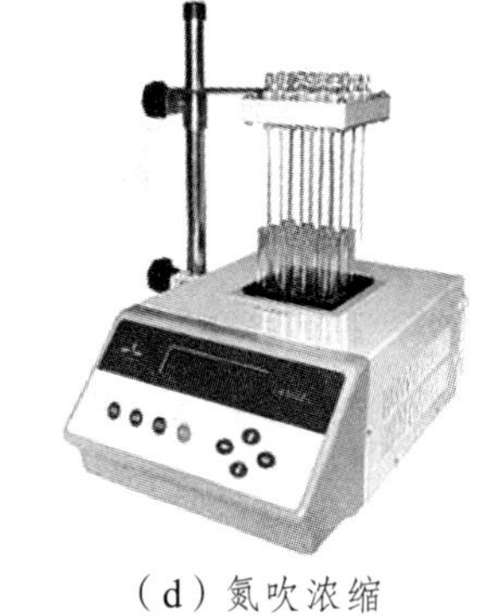

（d）氮吹浓缩

图 3.5　萃取浓缩装置示意图

四、试剂和材料

（1）有机试剂：二氯甲烷、正己烷、丙酮等试剂均为色谱纯。

（2）硅胶、氧化铝：层析专用，粒径为 100 ~ 200 目。用已抽滤过的滤纸包裹置于索氏抽提器中加入二氯甲烷抽提 48 h 后取出，晾干。将硅胶和氧化铝分别在 180 °C 和 240 °C 的烘箱中烘制 12 h，待温度降为室温时取出，称量。加入称取质量 3%的去离子水，去活化，混合均匀。将硅胶和氧化铝分别盛装于具塞平底烧瓶中，加入一定体积正己烷，使正己烷没过硅胶和氧化铝。

（3）无水硫酸钠：分析纯。在 450 °C 的马弗炉中焙烧 4 h，待温度下降到室温时，取出放于干燥器中备用。

（4）铜片：用剪刀剪成面积为 1 ~ 3 mm^2 的碎片。将剪好的铜片放置于烧杯中，加入 10%稀盐酸浸泡，去除表面的氧化物。将盐酸倒出，用蒸馏水反复冲洗去除残留的盐酸，而后加入丙酮清洗。

（5）洗液：重铬酸钾-浓硫酸（体积比 1∶7）。玻璃器皿均用加入重铬酸钾的浓硫酸氧化 4 h，而后用清水冲洗，蒸馏水润洗，置于烘箱中烘干，备用。

（6）玻璃棉：使用前用二氯甲烷-丙酮（体积比 1∶1）浸洗，待溶剂挥发后，置于具塞磨口玻璃瓶中密封保存。

（7）石英砂：100 ~ 20 目。置于马弗炉中 400 °C 烘 4 h，冷却后置于具塞磨口玻璃瓶中密封保存。

（8）HCHs 标准物质（US-1128）：α-HCH、β-HCH、δ-HCH、γ-HCH 组成的混合标样。2,4,5,6-四氯间二甲苯（2,4,5,6-Tetrachloro-m-xylene，TCmX）为替代物，浓度为 100 mg/L，内标物为五氯硝基苯（PCNB）。以上物质浓度均为 100 mg/L。

（9）其他试剂：盐酸。

五、实验步骤

（一）样品采集

依照某河流/湖泊地理位置，利用 GPS 定点，参照《地表水和污水监测技术规范》（HJ/T 91—2002）布设采样点 5 个，分别采集表层水样（>1 L），用聚乙烯塑料瓶盛装。采集样品时填写采样记录表。

（二）样品处理

样品处理流程如图 3.6 所示。

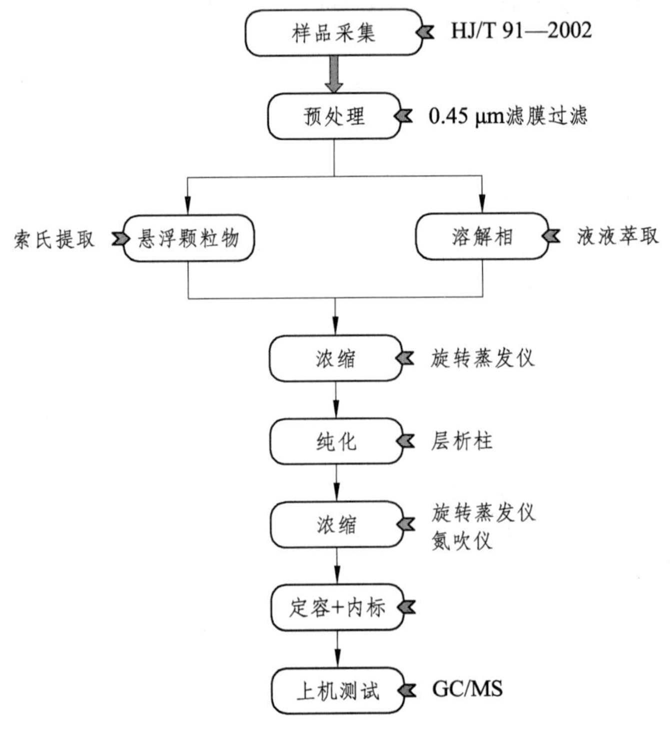

图 3.6　测定水体中 HCHs 浓度流程图

1. **预处理**

量筒分别量取水样（1 L），经真空抽滤装置过滤（滤膜为 0.45 μm），分别分离出悬浮颗粒物和溶解相。将残留有颗粒物的滤膜放置于冰箱冷冻，过滤后的溶解相置于棕色试剂瓶保存。

注：抽滤装置在过滤水样时需清洗，避免交叉使用。

2. **提　取**

（1）悬浮颗粒物：称取过滤膜前后重量，其差值即为水体中悬浮颗粒物重量，记录每个采样点位水样中的颗粒物重量。将含有颗粒物的滤膜与适量无水硫酸钠混合，用滤纸（经二氯甲烷抽提 48 h）包好，小心置于索氏提取器回流管中。在平底烧瓶中加入 100 mL 二氯甲烷和少量铜片，提取 16 ~ 18 h，回流速度控制在 4 ~ 6 次/h。待到达提取时限后，停止加热回流，取出平底烧瓶，待浓缩。

（2）溶解相：量取 1 L 过滤后的水样于分液漏斗。随后加入 5 μL 10 μg/mL 的 TCmX 和 25 mL 二氯甲烷震荡萃取 5 min。静置数分钟后，待水-有机相界面有明显分层时，打开分液漏斗下方阀门，用平底烧瓶收集萃取液。重复上述操作 2 次。

注：因二氯甲烷具有挥发性，所以在振荡萃取水样时，应频繁打开分液漏斗下方的旋钮，避免容器内压过大致使液体冲出瓶塞。

3. 浓　缩

将提取液置于旋转蒸发仪上，恒温（40 °C 左右）加热浓缩。当提取液浓缩至 5 mL 时，用干净的玻璃滴管将浓缩液转至干净的鸡心瓶。用少量正己烷冲洗平底烧瓶 2 ~ 3 次，每次用量 2 ~ 3 mL，合并全部浓缩液。

4. 净　化

（1）填料：在玻璃层析柱底部填入干净玻璃棉，依次加入浸泡正己烷硅胶（约 6 cm 厚）和氧化铝（约 3 cm 厚），使填充均匀。再添加约 1.5 cm 厚的无水硫酸钠。

（2）净化：当上端无水硫酸钠层刚好暴露于空气之前，将浓缩后的提取液转至层析柱纯化。用 2 mL 正己烷清洗残留于盛装浓缩液的鸡心瓶 2 ~ 3 次，全部移入层析柱。随后用 200 mL 正己烷-二氯甲烷混合溶剂（体积比 3∶2）淋洗层析柱，收集全部洗脱液，待再浓缩后测定。

5. 再浓缩，加内标

净化后的洗脱液参照步骤 3 的方法进行旋蒸浓缩。当浓缩液体积至 5 mL 左右时，转移至氮吹仪浓缩。最后将 5 μL PCNB（1000 μg/L）加入浓缩液定容至 1.0 mL，混匀后转移至 2 mL 样品瓶中，待测。

6. 空白样品提取

用石英砂、去离子水分别代替实际悬浮颗粒物和溶解相样品，参照样品处理步骤完成空白样前处理。

（三）仪器参考条件

1. 气相色谱参考条件

进样口温度：250 °C，不分流。

进样量：1 μL，柱流量：1.0 mL/min（恒流）。

柱温：120 °C（保持 2 min），以 12 °C/min 升温至 180 °C（保持 5 min），再以 7 °C/min 升温至 240 °C（保持 1 min），再以 1 °C/min 升温至 250 °C（保持 2 min），最后升温至 280 °C（保持 2 min）。

2. 质谱参考条件

电子轰击源：EI。

离子源温度：230 °C。

离子化能量：70 eV。

接口温度：280 °C。

四极杆温度：250 °C。

质量扫描范围：45 ~ 450 amu。

溶剂延迟时间：5 min。

扫描模式：全扫描（Scan）或选择离子模式（SIM）模式。

表 3.6 待测物测定参考参数

化合物名称	CAS	定量离子	辅助离子
TCmX（替代物）	877-09-8	207	201、244、242
α-HCH	319-84-6	183	181、109
β-HCH	319-85-7	181	183、109
γ-HCH	58-89-9	183	181、109
PCNB（内标）	82-68-8	237	249、214、142
δ-HCH	319-86-8	183	181、109

3. **校　准**

（1）质谱性能检查

待仪器开机后，应进行质谱自动调谐。检查质谱离子碎片丰度。

（2）标准曲线的绘制

取 5 个容量瓶，分别取适量的 HCHs 混标、TCmX、PCNB，用正己烷定容后混合均匀，配制 5 个梯度的标准液。HCHs 和 TCmX 浓度分别为 1.0 μg/L、5.0 μg/L、10.0 μg/L、15.0 μg/L、20.0 μg/L，添加 PCNB 浓度为 5.0 μg/L。也可根据仪器灵敏度或者样品浓度配制合适梯度范围的标准曲线。

从低浓度至高浓度依次进样分析。根据仪器数据，以单一目标化合物（α-HCH、β-HCH、δ-HCH、γ-HCH）浓度为横坐标，目标物与内标物离子响应值为纵坐标绘制单一目标化合物标准曲线。

注：该标准曲线拟合度的高低将直接影响样品中待测物数据的准确性。

4. **样品和空白样测定**

参照步骤 1 和 2 仪器分析条件，完成待测样品和空白样的检测。

六、数据处理

（一）浓度分布特征

1. **定性分析**

通过样品中目标物与标准系列中目标物的保留时间、质谱图、碎片离子质荷比及其丰度等信息比较，对目标物进行定性。确定保留时间范围：标准品中目标物保留时间平均值±3倍标准偏差。

2. **定量分析**

在对目标物定性判断基础上，根据离子峰面积，内标法定量。

（1）平均相对响应因子（或平均相对校正因子）

$$\mathrm{RRF}_i' = \frac{\mathrm{RRF}_i}{\mathrm{RRF}_s} = \frac{A_i}{A_s} \times \frac{C_s}{C_i}$$

式中 RRF_i'——校准曲线中某目标化合物的相对响应因子；

A_i——校准曲线中某目标化合物定量离子响应值；

A_s——校准曲线中内标化合物定量离子响应值；

C_s——校准曲线中内标化合物质量浓度，μg/mL。

平均相对影响因子，计算如下：

$$\overline{\mathrm{RRF}} = \frac{\sum_{i=1}^{n} \mathrm{RRF}_i}{n}$$

式中 $\overline{\mathrm{RRF}}$——目标化合物的平均响应因子；

RRF_i——目标化合物的相对响应因子；

n——校准曲线系列点数。

（2）悬浮颗粒物/溶解相中HCHs浓度的计算

$$c_s = \frac{A_s}{A_{IS} \times \overline{\mathrm{RRF}}}$$

式中 A_s——试样中某目标化合物定量离子响应值；

A_{IS}——试样中内标化合物定量离子响应值；

c_s——试样中化合物质量浓度，μg/mL。

目标化合物浓度：

$$\omega = \frac{c_s \times V}{V_s} = \frac{A_s \times V}{A_{IS} \times \overline{\mathrm{RRF}} \times V_s}$$

式中 ω——悬浮颗粒物/溶解相中HCHs浓度，mg/L；

V——试样定容体积，mL；

V_s——过滤溶液（此时为1 L），mL。

注：测定结果保留2位小数。

七、质量保证和质量控制

空白实验：每批样品（个数≤20），设置一个空白试验、一个平行样和加标平行样。

空白样中待测目标物浓度低于检出限，平行样测定结果相对偏差应小于 35%，加标回收率为 40% ~ 150%。

八、数据记录

依次填入表 3.7 至表 3.11。

表 3.7　水样采样记录表　　　编号（　　）

市：＿＿＿＿＿　　区（县）：＿＿＿＿＿　　乡（镇、街道）：＿＿＿＿＿

<table>
<tr><td>点号</td><td></td><td>位置</td><td></td><td>坐标</td><td>经度：
纬度：</td></tr>
<tr><td colspan="2">采样时间</td><td colspan="2"></td><td>海拔</td><td></td></tr>
<tr><td colspan="2">样品编号</td><td colspan="2"></td><td>水温</td><td></td></tr>
<tr><td colspan="2">水质外观描述</td><td colspan="2"></td><td>水体 pH</td><td></td></tr>
<tr><td colspan="2">周围环境描述</td><td colspan="4"></td></tr>
<tr><td colspan="2">代表点采样描述</td><td colspan="4"></td></tr>
<tr><td colspan="2">备注</td><td colspan="4"></td></tr>
</table>

记录人：＿＿＿＿＿　　核对人：＿＿＿＿＿　　时间：＿＿＿＿＿

表 3.8　悬浮固体颗粒物称重

水样	样品编号	质量/g
悬浮固体颗粒物	SPM-1	
	SPM-2	
	SPM-3	
	SPM-4	
	SPM-5	

表 3.9 待测物测定参考参数

化合物名称	CAS	保留时间/min
TCmX（替代物）	877-09-8	
α-HCH	319-84-6	
β-HCH	319-85-7	
γ-HCH	58-89-9	
PCNB（内标）	82-68-8	
δ-HCH	319-86-8	

表 3.10 水体样品 HCHs 浓度分布

样品类型	样品编号	α	β	γ	δ	$\sum HCH_s$	回收率/%
悬浮颗粒物	SPM-1						
	SPM-2						
	SPM-3						
	SPM-4						
	SPM-5A						
	SPM-5B						
	SPM-blank						
溶解相	DP-1						
	DP-2						
	DP-3						
	DP-4						
	DP-5A						
	DP-5B						
	DP-blank						

表 3.11 水样中 HCHs 的含量统计（$ng\cdot L^{-1}$）

样品类型	化合物	最小值	最大值	平均值	标准偏差	检出率
悬浮颗粒物	α-HCH					
	β-HCH					
	γ-HCH					
	δ-HCH					
	$\sum HCH$					
溶解相	α-HCH					
	β-HCH					
	γ-HCH					
	δ-HCH					
	$\sum HCH$					

九、问题与讨论

（1）简述外标法和内标法的特点。
（2）简述 GC/MS 对污染物的检测原理。
（3）分析悬浮固体颗粒物和溶解相中 HCHs 浓度分布特征。
（4）查阅相关文献，阐述该水样浓度水平范围。

第二节　水中新型有机污染物的控制实验

有机磷酸酯类阻燃剂（Organophosphorus Flame Retardants，OPFRs）因低腐蚀、易代谢、多功能和抑烟效果好等特点被人们广泛接受，现已成为溴系阻燃剂的替代品。由于 OPFRs 是通过简单的物理添加方式进入物品中没有生成稳定的化学键，因而在物品生产、使用、清理和回收过程中较易通过挥发、磨损等方式释放到周围环境中。近年来，OPFRs 在环境多介质中均有不同程度的检出，成为一种新型污染物。毒理学研究表明多种 OPFRs 具有神经毒性、生殖毒性以及发育毒性，对人体和生态环境具有潜在威胁，因此如何去除该类污染物已成为当务之急。

本节主要以三(2-氯乙基)磷酸酯（TCEP）和磷酸三丁酯（TnBP）分别作为含氯和不含氯 OPFRs 的代表物质，从萃取方法的建立到多种去除方式（物理法、化学法、生物法）的应用达到污染物去除的目的。本节将有助于培养学生的学术性思维。

实验一　水中有机污染物的萃取实验

该部分主要以含氯有机磷阻燃剂三(2-氯乙基)磷酸酯（TCEP）和不含氯有机磷阻燃剂磷酸三丁酯（TnBP）为代表物质，建立液液萃取方法，从萃取平衡时间和萃取回收率来验证萃取方法的可靠性。该方法的建立为后续有机磷酸酯的去除提供检测方法。

一、实验目的

（1）掌握液液萃取的原理与方法。
（2）掌握定量分析的原理与方法。
（3）学会分析测试方法的建立。

二、实验原理

污染物在水体中溶解度不同，相似相溶，采用有机溶剂液液萃取。

三、仪器和设备

（1）气相色谱仪：配置氢火焰离子化检测器（FID）。

（2）石英毛细管柱：TG-5silMS 柱（长 30 m，内径 0.25 mm，膜厚 0.25 μm）。

（3）氢气发生器、空气发生器。

（4）恒温振荡器。

（5）磁力搅拌器、磁力搅拌子。

（6）分析天平。

（7）移液枪（5 mL）。

（8）微量进样针（1000 μL）。

（9）氮吹仪。

（10）载气：高纯氮（纯度≥ 99.999 %）

四、试剂和材料

（1）待测物：磷酸三(2-氯乙基)酯（TCEP>97%）、磷酸三丁酯（TnBP≥99%）。

（2）有机溶剂：二氯甲烷、正己烷均为色谱纯。

（3）邻苯二甲酸二丁酯（DnBP>99%）。

（4）容量瓶（10 个，100 mL）。

（5）移液枪（10 μL）配置适量枪头。

（6）微量进样针（1000 μL）。

（7）量筒（100 mL，2 个，10 mL，5 个）。

（8）螺纹进样瓶（1.5 mL）。

（9）带特氟龙塞透明玻璃顶空进样瓶（30 mL，50 个）。

（10）其他：压口钳、顶空瓶开盖器、铝盖。

五、实验步骤

该部分以 TCEP 为例，TnBP 萃取方法的建立同 TCEP（图 3.7）。

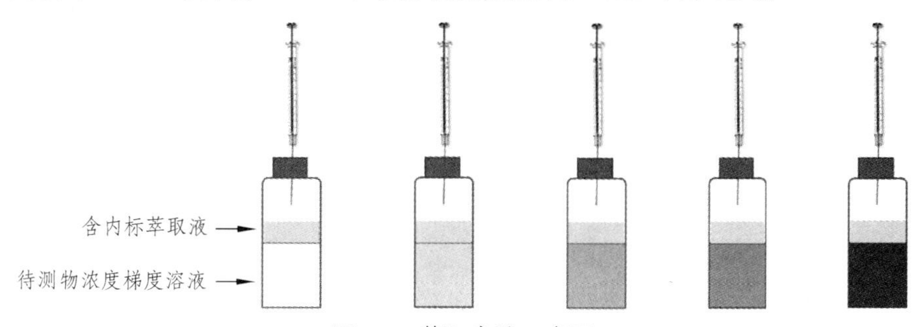

图 3.7　萃取实验示意图

（一）萃取平衡时间

（1）含内标的萃取溶剂：浓度为 4 mg/L DnBP 的二氯甲烷溶液。0.4 mg DnBP 溶解于 100 mL 二氯甲烷。

（2）TCEP 待萃取母液：称取 10.0 μg、20.0 μg、50.0 μg、100.0 μg、150.0 μg TCEP 纯试剂分别置于 100 mL 容量瓶，加入 100 mL 去离子水定容，加入磁力搅拌子置于磁力搅拌器上搅拌。配制浓度梯度分别为 100 μg/L、200 μg/L、500 μg/L、1000 μg/L、1500 μg/L 的 TCEP 水溶液（图 3.8）。

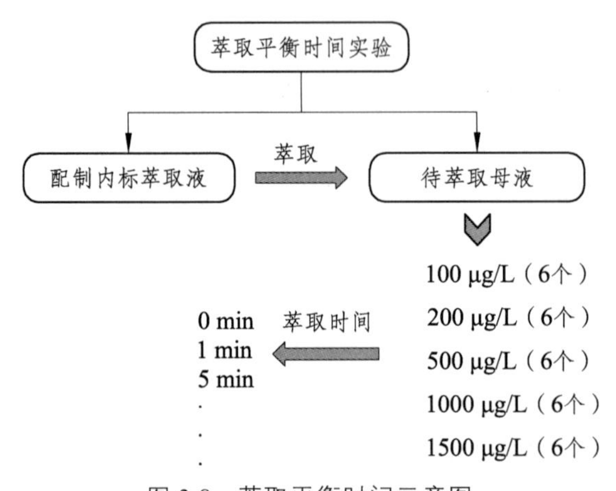

图 3.8　萃取平衡时间示意图

（3）分装 TCEP 萃取液：将以上浓度梯度的溶液量取 10 mL 置于 30 mL 顶空瓶中。每个梯度各分装 6 个顶空瓶。

（4）平衡时间测定：选择 6 个盛装浓度为 100 μg/L TCEP 溶液的顶空瓶，随后加入 1 mL DnBP 的二氯甲烷萃取溶剂，加盖特氟龙橡皮塞，铝盖压口，置于 10 °C 恒温摇床震荡，转速为 120 r/min。分别于 0 min、1 min、5 min、10 min、30 min 和 60 min 后取出顶空瓶，静置数分钟后，待有机相和水界面有明显分层时，用微量进样针抽取萃取液于 1.5 mL 螺纹进样瓶中。用氮吹仪浓缩样品近干，加入正己烷定容至 1 mL。

其余各梯度溶液参照此方法执行。

注：微量进样针在使用前需用二氯甲烷溶液清洗，待取完样品后仍用二氯甲烷清洗。

（5）空白水样分析测试：对空白水样加入等量的含内标的二氯甲烷，液液萃取。提取萃取液，待上机测试。本试验的目的在于排除去离子水和二氯甲烷中含有待测物 TCEP 的干扰。

（二）萃取回收率测定

（1）TCEP 标准溶液配制：称取 100.0 μg、200.0 μg、500.0 μg、1000.0 μg、1500.0 μg TCEP 纯试剂分别溶于 100 mL 容量瓶中，加入正己烷定容。配制浓度梯度分别为 1000 μg/L、2000 μg/L、5000 μg/L、10 000 μg/L、15 000 μg/L 的 TCEP 标准溶液。

（2）TCEP 待萃取母液：同以上萃取平衡时间的浓度设置。分装 10 mL 各浓度梯度

TCEP 水溶液于 30 mL 顶空瓶中，加入 1 mL DnBP 的二氯甲烷萃取溶剂，加盖特氟龙橡皮塞，铝盖压口，置于 10 °C 恒温摇床震荡，转速为 120 r/min。萃取时长参照萃取平衡时间。

（3）静置数分钟后，待有机相和水界面有明显分层时，用微量进样针抽取萃取液于 1.5 mL 螺纹进样瓶中。用氮吹仪浓缩样品近干，加入正己烷，定容至 1 mL。

（三）仪器参考条件

进样口温度：250 °C，不分流。

进样量：1 μL，柱流量：1.0 mL/min（恒流）。

柱温：60 °C（保持 2 min），以 20 °C/min 升温至 160 °C（保持 0 min），再以 5 °C/min 升温至 220 °C（保持 0 min），再以 15 °C/min 升温至 280 °C（保持 2 min），最后升温至 280 °C（保持 2 min）。

离子源：250 °C。

六、数据处理

（一）建立分析方法（参照 Thermo Trace 1300 变色龙软件）

（1）在相对应序列中找到样品数据，并把其设置为校正标准品（图 3.9）。

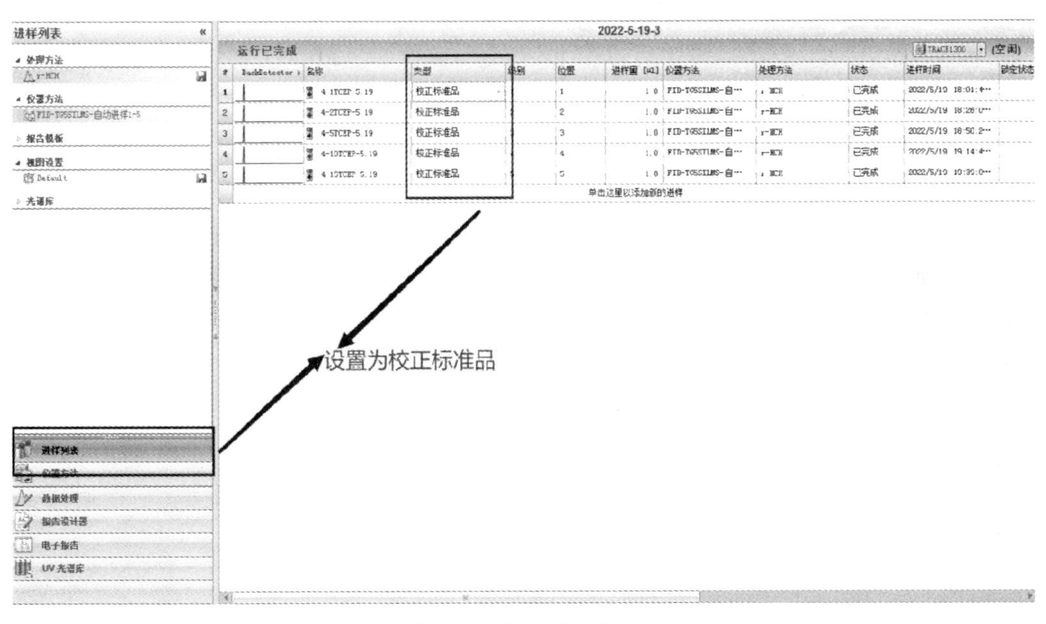

图 3.9　找到样品数据

（2）在数据处理模块找到“校正与处理方法”图标，选择合适浓度的标准品数据（图 3.10）。

（3）进入“检测”界面，点击“运行 Cobra 向导”对积分参数进行设置（图 3.11）。

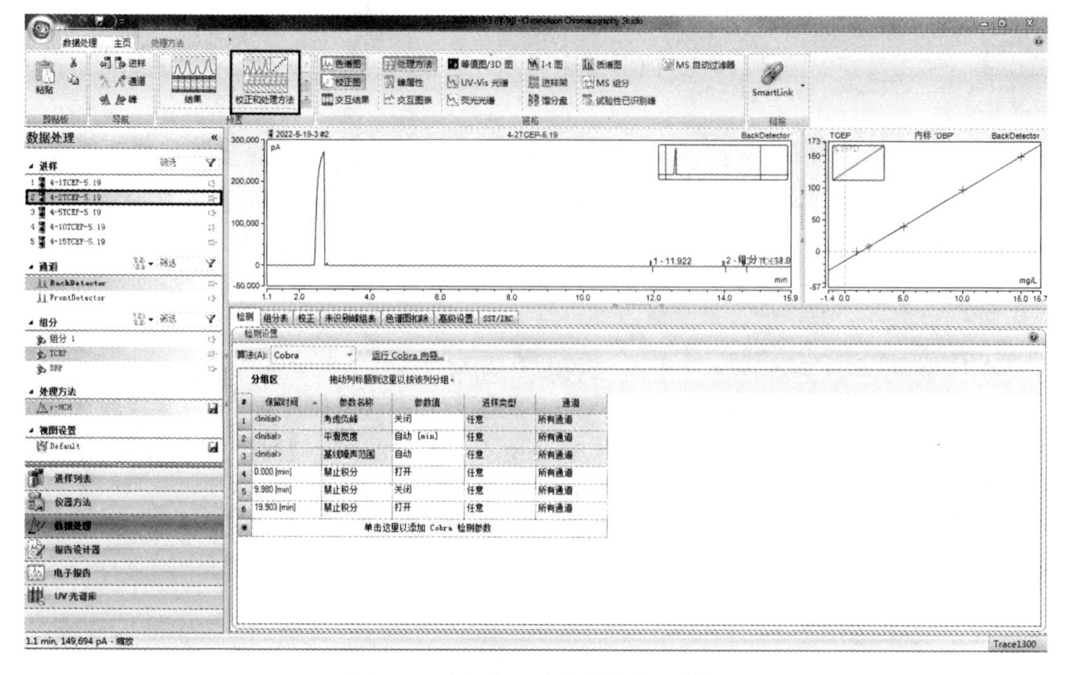

图 3.10　选择合适浓度的标准品数据

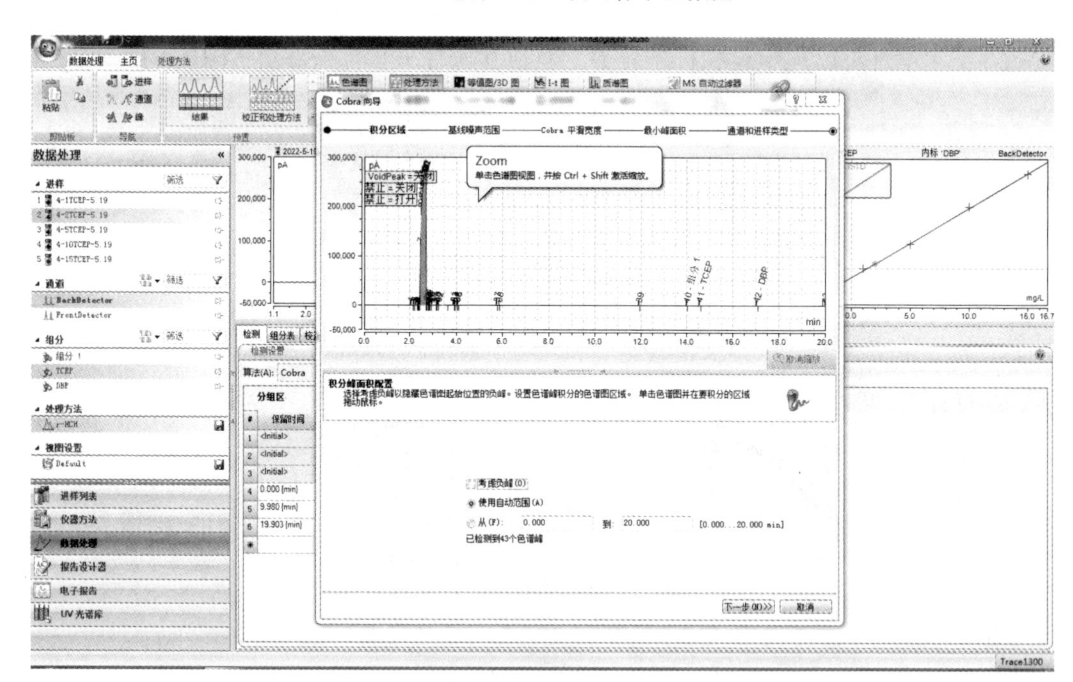

图 3.11　设置积分参数

（4）进入“组分表”界面，点击“运行组分表向导”，选择组分（图 3.12）。

（5）可对组分名称进行修改（图 3.13）。

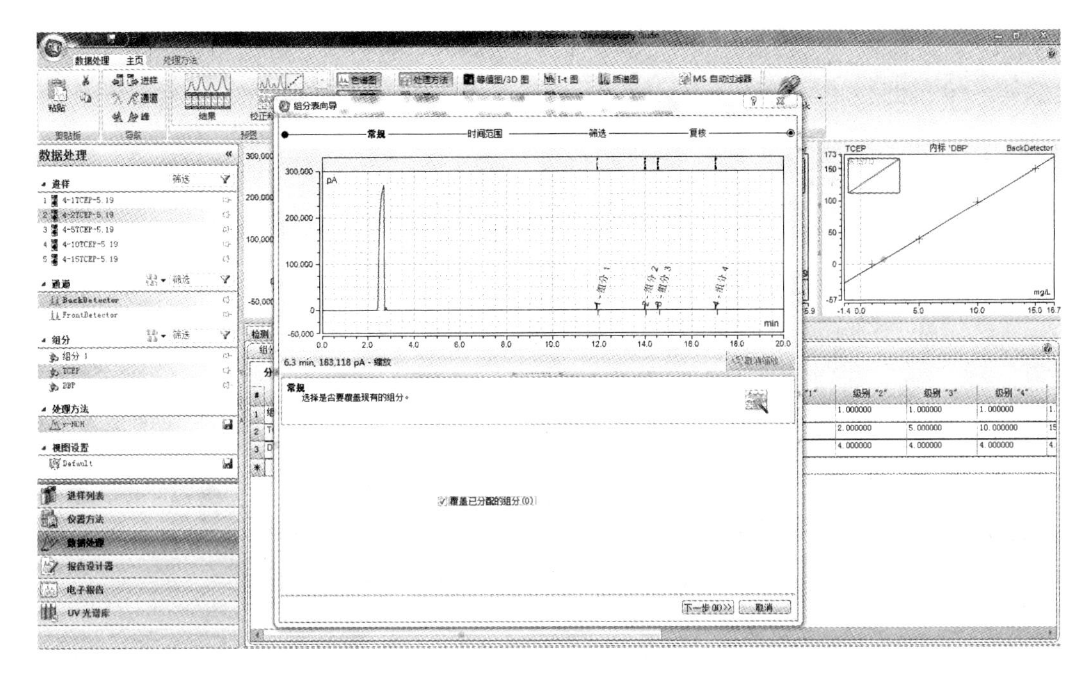

图 3.12　选择组分

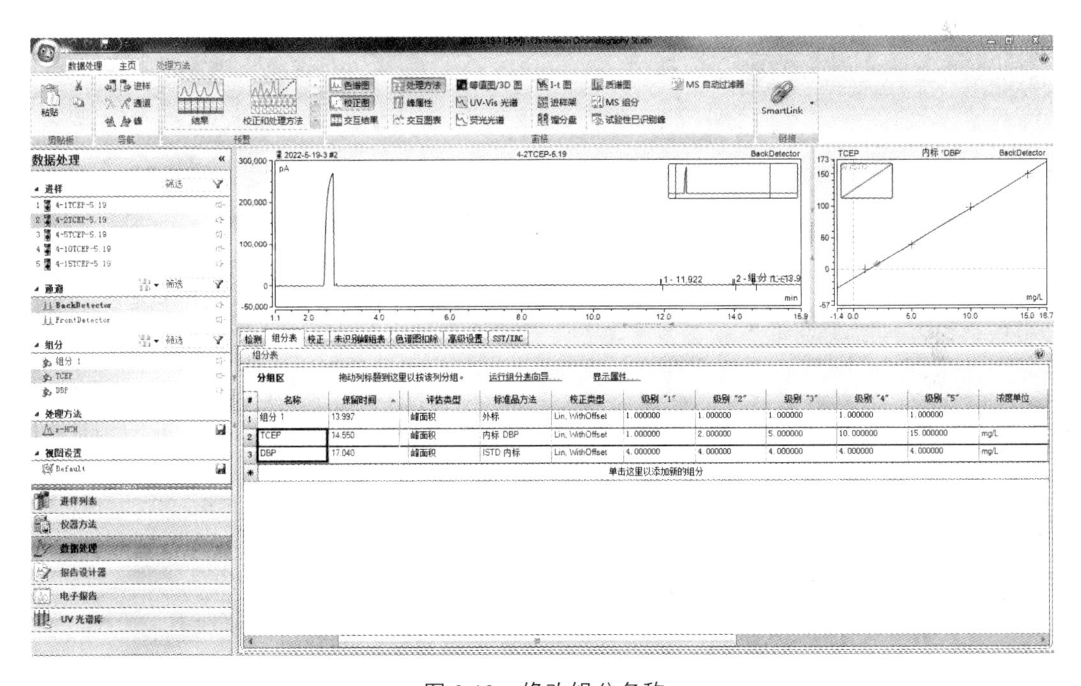

图 3.13　修改组分名称

（6）设置“标准品方法”，选择内标法，点击 DBP 作为内标（图 3.14）。

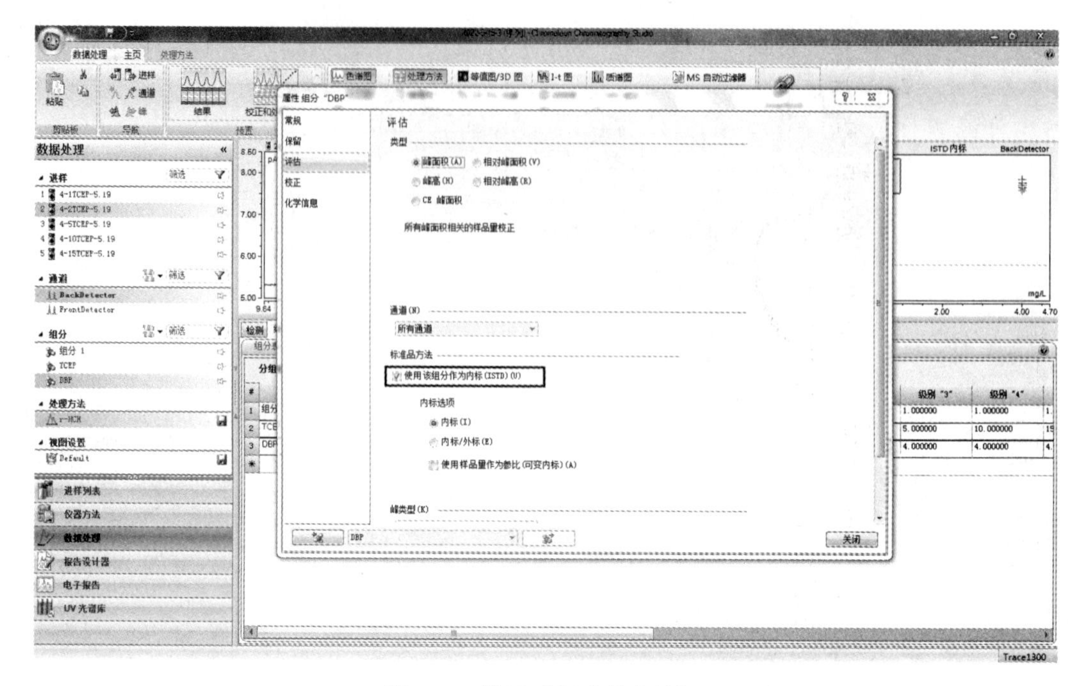

图 3.14 设置“标准品方法”

（7）将 TCEP 的标准品方法设置为“内标 DBP”（图 3.15）。

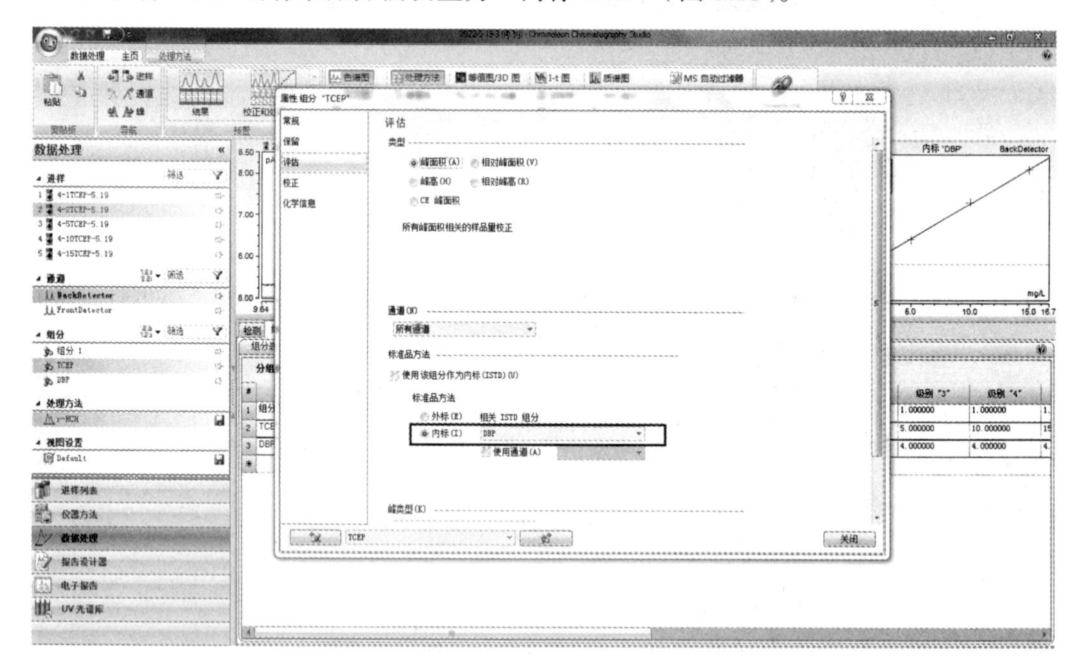

图 3.15 设置内标 DBP

（8）设置“级别”为相对应的浓度，及其浓度单位（图 3.16）。

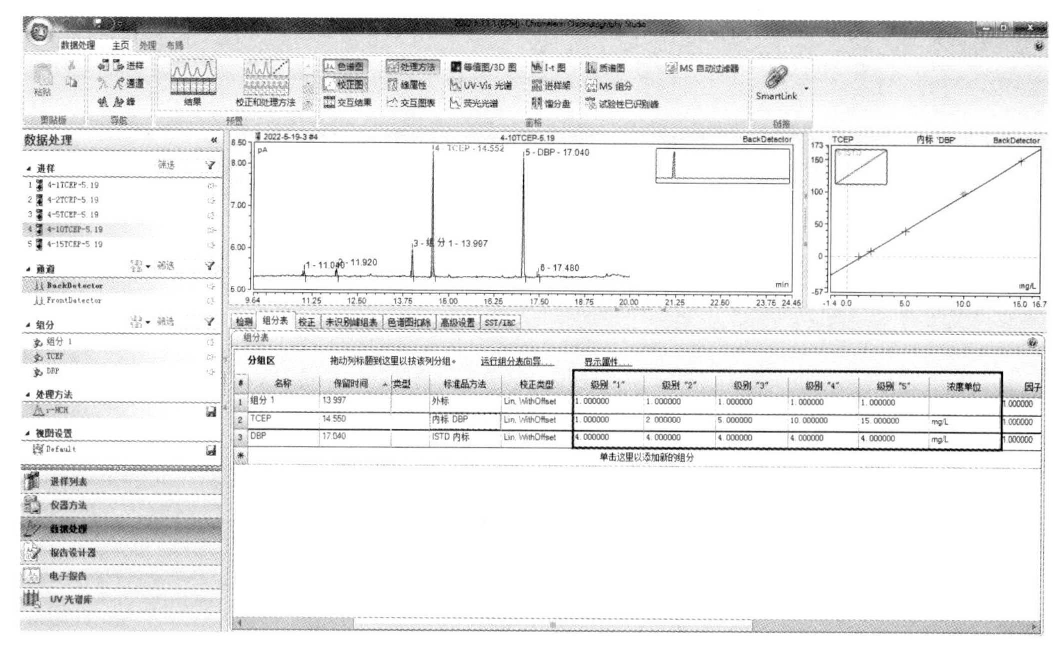

图 3.16　设置“级别”

（9）在数据处理模块找到“结果”图标，在“校正”中可查看标准品方法线性（图 3.17）。

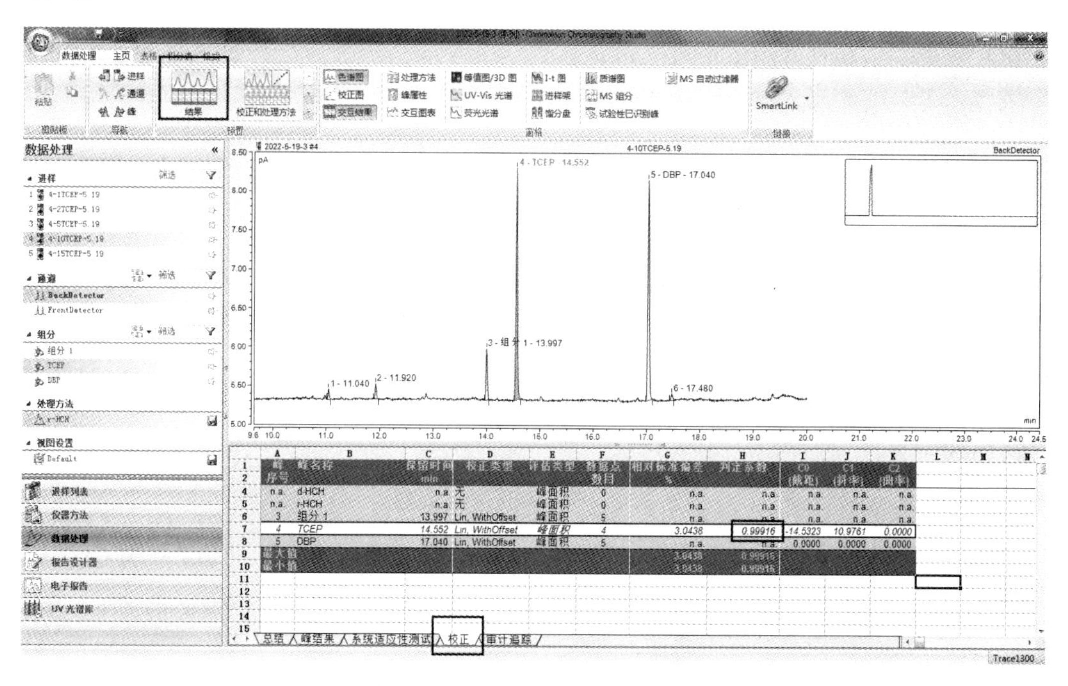

图 3.17　查看标准品方法线性

（10）在“总结”中可查看对应信息（图 3.18）。

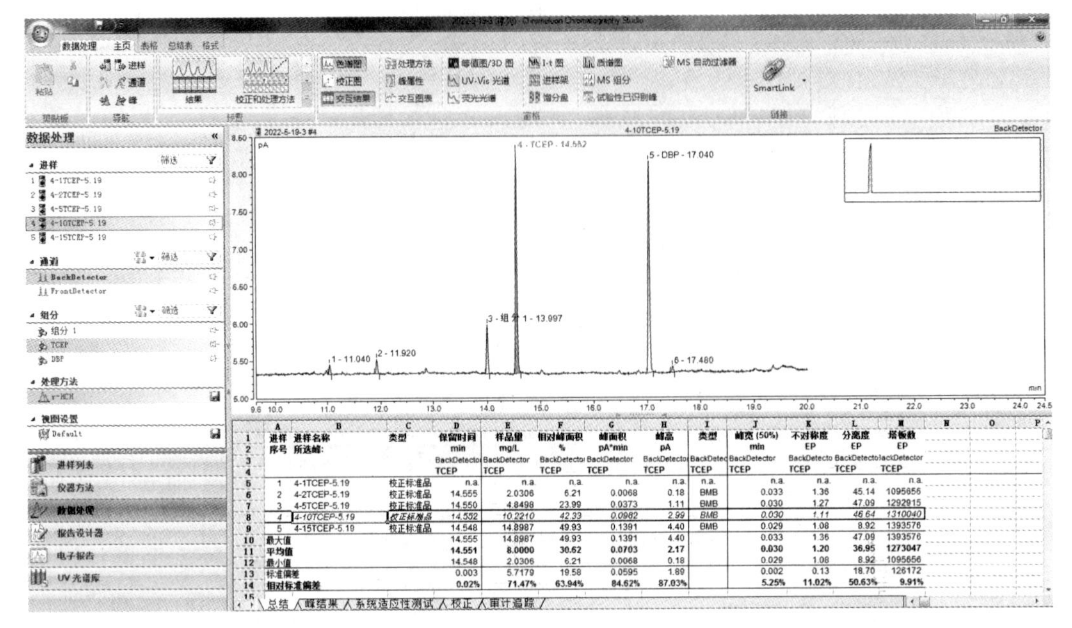

图 3.18　查看对应信息

（二）回收率计算

$$\text{Recovery} = \frac{C_{\text{测}}}{C_{\text{标}}} \times 100\%$$

式中　$C_{\text{测}}$——萃取后 TCEP 浓度，μg/L；

　　　$C_{\text{标}}$——标准溶液中 TCEP 浓度，μg/L。

七、数据记录

填入表 3.12 至表 3.14。

表 3.12　待测物测定参考参数

物质	化学结构式	保留时间/min
TCEP		
TnBP		
DnBP（内标）		

表 3.13　萃取平衡时间数据

萃取时间/min	待测物峰面积 A_{TCEP}	内标峰面积 A_{DnBP}	$A_{\text{TCEP}}/A_{\text{DnBP}}$
0			
1			
5			
10			
30			
60			

表 3.14　萃取实验回收率

浓度/μg·L^{-1}	$C_{测}$	$C_{标}$	回收率/%
0			
100			
200			
500			
1000			
1500			

八、问题与讨论

（1）如何判断标准系列溶液配制较好？

（2）用 origin 软件绘制萃取时间平衡图。

（3）除了回收率外，建立分析测试方法还需要什么指标去验证测试方法的可靠性？

（4）优化 GC 升温程序。

实验二　物理控制法——活性炭接触过滤吸附实验

将新型有机污染物通过物理方法去除具有操作简单、环境友好、成本低等优势。吸附是环境科学与工程领域常用的污染物分离技术。活性炭是使用频率极高的吸附剂，对包括有机污染物在内的许多污染物均具备良好的吸附性能。表现在吸附容量大、吸附速度快。某些物质被活性炭吸附后可以脱附收集达到资源回收和活性炭再生的双重目的。但是不同的原材料、活化工艺会导致所制备的活性炭孔径分布、比表面积、杂质含量等有较大差异。活性炭宏观结构（粉末、颗粒、片状、空心砖形）也会影响到其吸附性能。因此，有针对性地开展活性炭对新型有机污染物吸附性能的研究，有利于其在相关工程领域的合理、高效利用。

吸附可分为动态吸附和静态吸附，工程上多采用固定床动态吸附。而静态吸附中对于评价吸附剂的适用性，研究吸附过程热力学和动力学过程，为吸附工艺设计提供参考具有重大价值。因此本实验选取 TCEP 和 TnBP 两种新型有机污染物为控制对象，选取活性炭作为吸附剂，开展摇瓶吸附实验，测定该过程热力学和动力学参数。同时引入 pH 作为环境因子代表，探讨不同条件下活性炭对上述两种有机污染物的吸附热力学和动力学行为差异。

一、实验目的

（1）学会开展静态吸附摇瓶实验。

（2）掌握吸附动力学研究方法和相关计算。

（3）掌握等温吸附曲线的建立和吸附过程热力学相关参数的计算。

二、实验原理

（一）吸附动力学

和其他过程一样，吸附也需要经过一定时间才能达到力学平衡。吸附过程的动力学研究主要是用来描述吸附剂吸附溶质的速率快慢，通过动力学模型对数据进行拟合，从而探讨其吸附机理。固体吸附剂对溶液中溶质的吸附动力学过程可用准一级、准二级、抛物线扩散模型、修正 Elovich 模型、班厄姆孔隙扩散模型来进行描述。此处，我们采用准一级、韦伯-莫里斯内扩散模型用于本实验数据拟合。

准一级动力学模型：$q = q_e[1-\exp(-kt)]$

抛物线扩散模型：$q = a + kt^{\frac{1}{2}}$

式中　q，q_e——t 时刻和吸附平衡时活性炭对 TCEP 或 TnBP 的吸附量；

t——时间；

k——动力学常数；

a——常数。

（二）吸附热力学

当达到吸附动力学平衡后，吸附剂对污染物的吸附和脱附达到动态平衡。这一平衡受温度的控制，可通过吸附等温曲线来描述一定温度下吸附剂对污染物吸附量与溶液中的平衡浓度之间的关系。常用的等温吸附平衡模型包括 Langmuir 和 Freundlich 模型。

Langmuir 方程为：$Q = Q_{max}K_L C/(1+K_L C)$

Freundlich 方程为：$Q = K_F C^{\frac{1}{n}}$

式中　Q——污染物平衡浓度所对应的吸附量；

Q_{max}——活性炭对 TCEP 或 TnBP 可达到的最大吸附量；

C——实验结束时溶液中甲基红的浓度；

K_L——Langmuir 吸附平衡常数。

n——常数；

K_F——Freundliich 吸附经验常数。

获得等温吸附模型相关参数后，可以进一步计算其他热力学参数：

$$\Delta G^{\ominus} = -RT\ln K_L$$

$$\Delta G^{\ominus} = \Delta H^{\ominus} - T\Delta S^{\ominus}$$

由上述两式得：

$$\ln K_L = -\Delta H^{\ominus}/RT + \Delta S^{\ominus}/R$$

式中　$\Delta G^{\ominus}$——吸附的标准吉布斯自由能变化；

$\Delta H^{\ominus}$——标准吸附焓变化；

$\Delta S^{\ominus}$——标准熵变化；

R——气体摩尔常数，为 8.314 $J \cdot mol^{-1} \cdot K^{-1}$。

三、仪器和设备

（1）气相色谱仪：配置氢火焰离子化检测器（FID）。

（2）石英毛细管柱：TG-5silMS 柱（长 30 m，内径 0.25 mm，膜厚 0.25 μm）。

（3）氢气发生器、空气发生器。

（4）恒温振荡器。

（5）磁力搅拌器、磁力搅拌子。

（6）分析天平。

（7）移液枪（5 mL）。

（8）微量进样针（1000 μL）。

（9）氮吹仪。

（10）载气：高纯氮（纯度≥ 99.999 %）。

四、试剂和材料

（1）待测物：磷酸三(2-氯乙基)酯（TCEP>97%）、磷酸三丁酯（TnBP≥99%）。

（2）有机溶剂：二氯甲烷、正己烷均为色谱纯。

（3）邻苯二甲酸二丁酯（DnBP>99%）。

（4）容量瓶（10 个，100 mL）。

（5）移液枪（10 μL）配置适量枪头。

（6）微量进样针（1000 μL）。

（7）量筒（100 mL，2 个）。

（8）聚乙烯塑料瓶。

（9）水相过滤膜（50 mm×0.45 μm）。

（10）1.5 mL 螺纹进样瓶。

（11）带特氟龙塞透明玻璃顶空进样瓶（30 mL，50 个）。

（12）其他：压口钳、顶空瓶开盖器、铝盖、一次性针筒（20 mL）。

五、实验步骤

（一）TCEP 和 TnBP 的测定方法建立

标准曲线的绘制：参照本节实验一中的标准曲线绘制方法，建立 GC 对待测物的定量分析方法。

（二）吸附动力学实验

（1）分别称取活性炭各 8 份，每份 1 g 于 50 mL 聚乙烯塑料瓶中。

（2）配制 1000.0 μg/L TCEP 或者 TnBP 溶液，调节 pH 为 2.5 或 5.5。向前述含活性炭的聚乙烯瓶中分别加入 TCEP 或者 TnBP 溶液各 50 mL。

（3）将上述样品在室温下进行振荡，分别在振荡 0.5、1.0、2.0、4.0、8.0、16.0 和 24 h 后过滤（滤膜为 0.45 μm）。收集滤液 40mL 于顶空瓶中，加入 2 mL 萃取溶液，震荡 1 h。静置数分钟后，待有机相和水界面有明显分层时，用微量进样针抽取萃取液于 1.5 mL 螺纹进样瓶中。用氮吹仪浓缩样品近干，加入正己烷定容至 1 mL。收集萃取液至于 GC-FID 进行浓度分析。

（4）根据实验数据绘制溶液中 TCEP 或者 TnBP 浓度对反应时间的关系曲线，拟合准一级动力学模型和抛物线扩散模型，确定吸附平衡所需时间并探讨不同 pH 下吸附动力学进程特征。

（三）吸附热力学实验

（1）分别称取活性炭样品各 7 份，每份 1 g，分别置于 50 mL 聚乙烯塑料瓶中。

（2）依次加入 50 mL pH 为 2.5 或 5.5、浓度为 0 μg/L、100 μg/L、200 μg/L、500 μg/L、1000 μg/L、1500 μg/L TCEP 或者 TnBP 的溶液，盖上瓶塞后置于恒温振荡器上。

（3）振荡达平衡后，取 15 mL 活性炭浑浊液于过滤膜，参照 2 中步骤液液萃取，待 GC-FID 检测。

（4）拟合等温吸附曲线，计算吸附热力学相关参数，探讨不同条件下，活性炭对两种有机污染吸附热力学特征。

六、数据处理

活性炭对 TCEP/TnBP 的吸附量可通过下式计算：

$$Q = \frac{(\rho_0 - \rho)V}{1000}$$

式中 Q ——活性炭对 TCEP/TnBP 的吸附量，mg/g;

ρ_0 ——溶液中待测物的起始浓度，mg /L;

ρ ——溶液中待测物的平衡浓度，mg/L;

V ——溶液的体积，mL。

由此方程可计算出不同平衡浓度下土壤对铜的吸附量。

其余计算参照本实验原理部分利用软件对相关模型拟合。

七、数据记录

填入表 3.15 中。

表 3.15　吸附动力学数据

反应时间/h	待测物 *C*
0.5	
1	
2	
4	
8	
16	
24	

八、问题与讨论

（1）pH 对活性炭吸附 TCEP/TnBP 的影响是什么？

（2）不同动力学模型对理解活性炭吸附 TCEP/TnBP 有什么作用？

（3）活性炭吸附 TCEP/TnBP 的热力学特征是什么？

实验三　化学控制法——高级氧化降解实验

高级氧化技术能快速降解水体中有机污染，因而近年来备受青睐。常见氧化剂包括 H_2O_2、NaClO、过硫酸盐、高锰酸盐、臭氧等。由于过硫酸盐具有较好的水溶性且价格较为低廉，可通过多种催化方式（如加热、过渡金属）催化产生具有强氧化电位的 SO_4^-•和•OH，目前已成为众多学者研究的热点。相较于高锰酸盐氧化污染物会产生如 MnO_2 等副产物，H_2O_2 氧化还原后的产物则较为清洁。NaClO 不仅氧化效能还兼具消毒功效，因其产生高效卤素自由基，近年来应用也较为广泛。本实验选择 H_2O_2、NaClO 和 $K_2S_2O_8$ 为氧化剂，采用 UV 激发，完成有机磷酸酯阻燃剂的降解反应，通过一级动力学模型拟合表观动力学常数阐述氧化效率的高低。

一、实验目的

（1）掌握一级动力学拟合的原理和方法。

（2）了解氧化剂氧化降解污染物的原理。

（3）学会单因素条件设置实验。

二、实验原理

根据 UV 照射氧化剂激发自由基，达到对 OPEs 的进攻，发生化学键的断裂，达到污染物的降解。采用液液萃取，内标法测定反应前后浓度变化，拟合一级动力学方程，阐述污染物去除效率。

$$S_2O_8^{2-} + h\nu \longrightarrow 2SO_4^{-}\bullet$$

$$H_2O_2 + h\nu \longrightarrow 2OH\bullet$$

$$NaClO + h\nu \longrightarrow Cl\bullet + \bullet OH$$

三、仪器和设备

（1）气相色谱仪：配置氢火焰离子化检测器（FID）。

（2）色谱柱：TG-5silMS 柱（长 30 m，内径 0.25 mm，膜厚 0.25 μm）。

（3）自搭光降解装置（图 3.19）：低压汞灯（15 W）、水浴槽冷却循环器、石英双层反应器、UV 灯紫外线防护眼镜。

（4）氢气发生器、空气发生器。

（5）pH 计。

（6）恒温振荡器。

（7）磁力搅拌器、磁力搅拌子。

（8）分析天平。

（9）移液枪（5 mL）。

（10）微量进样针（1000 μL）。

（11）氮吹仪。

（12）高纯氮（纯度≥ 99.999 %）。

（13）其他设备：带特氟龙塞的 10 mL 顶空瓶若干、1 L 容量瓶、250 mL 容量瓶、100 mL 蓝盖瓶、1.5 mL 螺纹进样瓶、压口钳、顶空瓶开盖器、铝盖。

四、试剂和材料

（1）待测物：磷酸三(2-氯乙基)酯（TCEP>97%）、磷酸三丁酯（TnBP≥99%）

（2）pH 调节液：0.1 mol/L 氢氧化钠和 0.1 mol/L 硫酸

（3）有机溶剂：二氯甲烷、正己烷均为色谱纯

（4）邻苯二甲酸二丁酯（DnBP>99%）

（5）氧化剂：H_2O_2（质量分数 30%）、$K_2S_2O_8$（分析纯）、NaClO（0.1 mol/L）。

（6）去离子水。

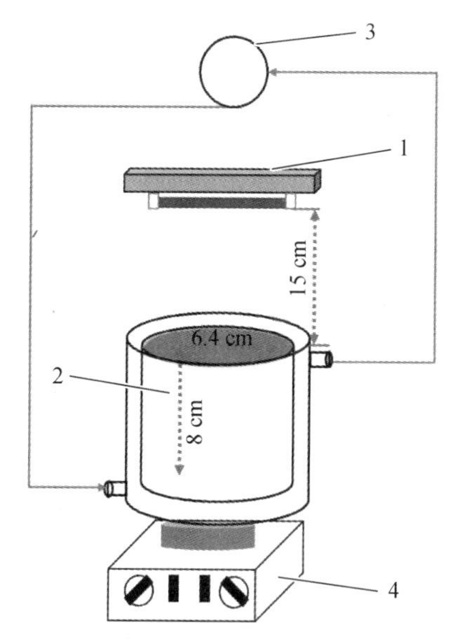

1—UV 辐射；2—圆柱形双层石英装置；3—冷凝系统；4—磁力搅拌器。

（a）装置示意图

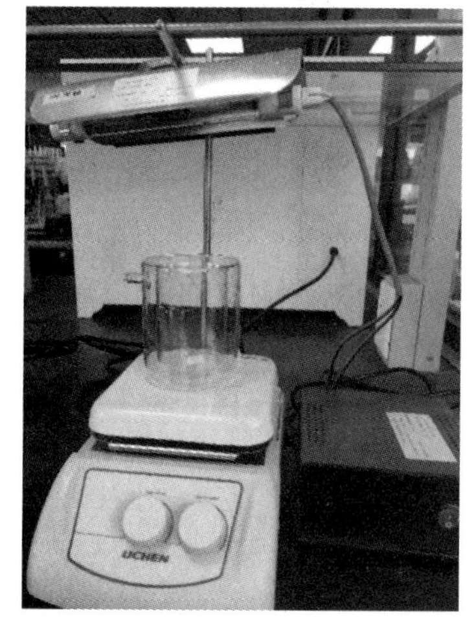

（b）光反应装置实物图

（c）低温冷却水循环泵实物图

图 3.19　光降解反应装置

五、实验步骤

（一）配制储备液

（1）配制 10.0 mg/L（0.0035 mmol/L）TCEP 储备液：称取 10.0 mg TCEP 标准品于 1 L 容量瓶中，加入蒸馏水定容。

（2）配制 10.0 mg/L（0.003 75 mmol/L）TnBP 储备液：称取 10.0 mg TnBP 标准品于 1 L 容量瓶中，加入蒸馏水定容。

（3）配制 4.0 mg/L 内标萃取液：称取 0.4 mg 邻苯二甲酸二丁酯于 100 mL 容量瓶，

加入二氯甲烷定容。

（二）配制标准系列溶液

该部分参照本节实验一。

（三）萃取实验

（1）配制实验反应液：量取 10 mg/L TCEP 储备液 25 mL 于双层石英反应器中，加入 225 mL 蒸馏水稀释 10 倍。随后加入 0.18 μL H_2O_2，配制 TCEP 与氧化剂物质的量浓度比为 1∶20 的反应溶液。用 pH 计插入待反应溶液中监测 pH，加入 H_2SO_4 或 NaOH 溶液调节 pH，pH 控制在 7±0.2。双层石英反应器连接循环冷凝装置，控温在(25±1) °C。

（2）萃取步骤：打开反应 UV 灯，预热 20 min。待灯源稳定，将待反应液置于下方，打开磁力搅拌器搅拌反应液。分别用移液枪在 0 min、5 min、10 min、20 min、40 min、70 min 和 120 min 分别抽取 2 mL 溶液于 10 mL 顶空瓶。在顶空瓶中加入 1 mL 内标萃取液，加盖特氟龙橡皮塞，铝盖压口，置于 10 °C 恒温摇床震荡 10 min，转速为 120 r/min。待液体分层后，用微量进样针抽取萃取液于 1.5 mL 螺纹进样瓶。

注：抽取萃取液时尽量不要将水分吸入。

（3）溶液置换：将萃取液置于氮吹仪，浓缩至溶液近干，加正己烷定容至 1 mL，待上机测试。

（4）空白实验：将配制同等浓度待反应液，加入等量 H_2O_2，置于黑暗处。按照萃取实验取样时间萃取，收集萃取液，待上机测试。

按照以上实验步骤，替换待测物（TnBP）和氧化剂（$K_2S_2O_8$ 和 NaClO）使待降解物与氧化剂物质的量浓度为 1：20 分别完成降解实验。

（四）仪器参考条件

参照本节实验一。

六、数据处理

1. 一级动力学拟合

$$\ln\frac{C_t}{C_0}=-k_{\mathrm{obs}}t$$

式中 C_t——t 时 TCEP/TnBP 的残余浓度；

C_0——其初始反应浓度；

k_{obs}——一级表观动力学常数。

七、数据记录

填入表 3.16、表 3.17。

表 3.16　不同氧化降解 TBP/TCEP 过程动力学参数和主导自由基

氧化剂	取样时间/min	温度	C_t	C_0	$\ln(C_t/C_0)$
	0				
	5				
	10				
	20				
	40				
	70				
	120				

表 3.17　不同氧化降解 TBP/TCEP 过程动力学参数和主导自由基

物质	氧化剂	主要自由基	k_{obs}	95% CI	R^2
TCEP	H_2O_2				
	$K_2S_2O_8$				
	NaClO				
TnBP	H_2O_2				
	$K_2S_2O_8$				
	NaClO				

八、问题与讨论

（1）对比不同氧化剂对于 TCEP 降解的一级动力学常数。
（2）对比不同氧化剂对于 TnBP 降解的一级动力学常数。
（3）比较 TCEP 和 TnBP 的分子结构差异，说明降解路径的差别。

实验四　生物控制法 1——微生物菌落富集、纯化实验

微生物降解能有效避免因化学降解、焚烧等方法而产生的二次污染，近年来成为学者广泛研究的热点。从自然界筛分、纯化得到具有降解某类污染物的菌落，再应用于污染物的原位降解具有重要意义。本实验所选取环境样品中已检测出具有磷酸三丁酯（TnBP）残留的某选矿厂尾矿砂，从中富集、分离、纯化得到具有降解 TnBP 能力的微生物。

一、实验目的

（1）掌握无机盐培养基的配制方法。

（2）掌握微生物分离纯化的步骤。
（3）了解微生物原位修复的原理。

二、实验原理

根据微生物对碳源需求的不同,使得培养溶液中能降解 TnBP 的微生物占据绝对优势，利用平板表面涂布分离纯化出菌株。

三、仪器和设备

（1）气相色谱仪：配置氢火焰离子化检测器（FID）。
（2）石英毛细管柱：TG-5silMS 柱（长 30 m，内径 0.25 mm，膜厚 0.25 μm）。
（3）氢气发生器、空气发生器。
（4）恒温震荡培养箱。
（5）超净工作台。
（6）分光光度计。
（7）灭菌锅。
（8）分析天平。
（9）磁力搅拌器。
（10）pH 计。
实验设备如图 3.20 所示。

四、试剂和材料

（一）培养基配制试剂

（1）硫酸铵
（2）硫酸镁。
（3）氯化钙。
（4）盐酸。
（5）氯化亚铁。
（6）硼酸。
（7）氯化钴。
（8）硫酸锰。
（9）氯化锌。
（10）钼酸钠。
（11）氯化镍。

（a）超净工作台

（b）高压蒸汽灭菌锅

（c）恒温震荡装置

（d）气相色谱仪

图 3.20　微生物富集、纯化实验设备示意图

（12）氯化铜。

（13）亚硒酸钠。

（14）4-氨基苯甲酸（CAS: 150-13-0）。

（15）D-(+)-生物素（CAS: 58-85-5）。

（16）烟酸（CAS: 59-67-6）。

（17）D-泛酸钙（CAS: 137-08-6）。

（18）盐酸吡哆醇（CAS: 58-56-0）。

（19）维生素 B_1（CAS: 76-16-6）。

（20）牛肉膏。

（21）蛋白胨。

（22）琼脂。

（二）其他试剂和材料

（1）待测物：磷酸三丁酯（TnBP≥99%）。

（2）有机溶剂：二氯甲烷、正己烷均为色谱纯。

（3）邻苯二甲酸二丁酯（DnBP>99%）。

（4）锥形瓶（若干，250 mL）：灭菌后备用。

（5）微量进样针（1000 μL）。

（6）量筒（1 L）。

（7）螺纹进样瓶（1.5 mL）。

（8）带特氟龙塞透明玻璃顶空进样瓶（30 mL，50 个）。

其他：压口钳、顶空瓶开盖器、铝盖、酒精灯、接种环、50 mL 针筒、0.22 μm 无菌滤膜、蓝盖瓶带盖（1 L）。

五、实验步骤

（一）配制培养基

（1）无机盐基础溶液：2.44 g Na_2HPO_4、1.52 g KH_2PO_4、0.5 g $(NH_4)_2SO_4$、0.2 g $MgSO_4 \cdot 7H_2O$、0.038 g $CaCl_2$，溶于 1 L 去离子水中。

（2）微量元素溶液：37% HCl 8.5 mL、$FeCl_2 \cdot 4H_2O$ 1.5 g、H_3BO_3 6 mg、$CoCl_2 \cdot 6H_2O$ 190 mg、$MnSO_4 \cdot H_2O$ 85 mg、$ZnCl_2$ 70 mg、$Na_2MoO_4 \cdot 2H_2O$ 36 mg、$NiCl_2 \cdot 6H_2O$ 24 mg、$CuCl_2 \cdot 2H_2O$ 2 mg、Na_2SeO_3 4 mg，溶于 1 L 去离子水中。

（3）维生素溶液：8 mg 4-氨基苯甲酸、2 mg D-(+)-生物素、20 mg 烟酸、10 mg D-泛酸钙、30 mg 盐酸吡哆醇和 20 mg 维生素 B_1 溶于 1 L 去离子水中。该溶液配制后过 0.22 μm 的无菌膜，置于 4 °C 冰箱中保存。

（4）Brunner 无机盐培养基（MSM）：无机盐基础溶液 1 L 加入 1 mL 微量元素溶液。随后在温度 121 °C、压力 101 MPa 条件下高压灭菌 30 min，待溶液冷却后，加入 5 mL 维生素溶液。

（5）LB 固体培养基：胰蛋白胨 10 g、酵母提取物 5 g、NaCl 10 g、琼脂 15 g、溶于 1 L 去离子水中。在温度 121 °C、压力 101 MPa 条件下高压灭菌 30 min，待溶液冷却但未凝固时，倒于培养皿中，降至室温凝固后使用。

（6）配制内标萃取液：0.4 mg 邻苯二甲酸二丁酯（DnBP）溶于 100 mL 二氯甲烷中，配制浓度为 4.0 mg/L 的萃取溶液。

（二）菌落的富集

（1）称取 5.0 g 左右尾矿砂，加入已灭菌的 250 mL 锥形瓶中，随后加入 100 mL 已灭菌的 Brunner 无机盐培养基和 1 μL TnBP 纯试剂，配制约 10 mg/L 的 TnBP 培养液。

以上操作于超净工作台上完成。

（2）将该锥形瓶置于摇床中震荡，控温 30 °C，转速 120 r/min。待 TnBP 完全溶解后，取出 2 mL 培养液，液液萃取，测试样品中 TnBP/DnBP 峰面积比值 R_0。随后定期（5 d）取样，测试 R_t。

（3）当 $R_t/R_0<0.2$ 时，取出 1 mL 含有菌液的培养基，接种至新鲜配制的浓度为 10 mg/L 已灭菌的 TnBP 培养液中。置于摇床中震荡，控温 30 °C，转速 120 r/min。重复此操作 8 ~ 10 次，直至富集较高纯度的降解 TnBP 的菌株。

（三）菌落的纯化

（1）配制 LB 平板培养基：取出适量已灭菌 LB 培养基倒入一次性塑料培养皿中。待琼脂凝固，制得固体培养基。

（2）接种：用接种环蘸取少量富集的 TnBP 培养液，涂画琼脂板。将已接种的琼脂板置于恒温培养箱中，控温 30 °C 培养。

（3）纯化：经接种后的琼脂板恒温培育 2 d 左右，长出小的菌落。挑选形状特征相似的菌落，再次接种于 LB 培养基的琼脂板上，进一步纯化菌落。

（四）菌落的活化

挑选出分离后的菌落置于液体 Brunner 无机盐培养基中，加入适量 TnBP 纯试剂，控温 30 °C 培养，活化该菌落。同时检测不同时间段 TnBP 的浓度，以便判定该菌落是否具有降解 TnBP 的能力。

六、数据处理

TnBP 浓度变化比值

$$f=\frac{R_t}{R_0}=\frac{A_t/S_t}{A_0/S_0}$$

式中 f——反应前后浓度比值变化；

A_t——t 时刻 TnBP 峰面积；

S_t——t 时刻内标峰面积；

A_0——0 时刻 TnBP 峰面积；

S_0——0 时刻内标峰面积。

七、问题与讨论

（1）在进行菌落纯化分离时应注意什么？

（2）微生物厌氧降解与好氧降解的区别是什么？

（3）常见的灭菌方式有哪些？

实验五　生物控制法 2——微生物好氧降解实验

经本节实验四中纯化得到的菌落进行 16 sRNA 测序后，证实该菌株隶属于 *Sphingomonas* 属。将菌株富集后用于 TnBP 的微生物降解研究。通过对菌落的生长曲线测定和待降解物降解效率的分析，阐述微生物好氧降解 TnBP 的规律和特点。

一、实验目的

（1）掌握无机盐培养基的配制。
（2）掌握分光光度计的使用。
（3）了解微生物降解有机磷酸酯阻燃剂的机理。

二、实验原理

Sphingomonas 属菌株以 TnBP 为碳源进行呼吸作用，致使 TnBP 在培养液中的浓度逐渐降低，达到水质净化的目的。微生物利用新陈代谢获得的能量一部分转化为微生物的生命活动，一部分用于自身菌落繁殖。由于该菌株的生长会造成培养环境的浊度，所以可以通过对培养液吸光度值的测定推测菌落的生长情况。

三、仪器和设备

分光光度计。
其余仪器和设备同本节实验四。

四、试剂和耗材

（1）硫酸。
（2）Na_2SO_4 溶液：称取 28.1 g 溶解于 100 mL 蒸馏水中，用 H_2SO_4 调节 pH 至 2。
（3）石英比色皿（2 只）。
其余试剂和耗材同本节实验四。

五、实验步骤

（一）配制 Brunner 无机盐培养基

参照第一节实验一中的方法，配制培养基 500 mL。灭菌待用。

（二）降解实验（图 3.21）

将 300 mL Brunner 无机盐培养基分装于已灭菌的 3 个锥形瓶中各 100 mL，记为实验组 1、2、3。向以上锥形瓶中加入 1 mg TnBP 纯试剂，配制 1.0 mg/L 的 TnBP 培养基，隔夜震荡 12 h，待溶液混合均匀。随后分别量取 2mL *Sphingomonas* 属菌液于以上实验组锥形瓶中，置于温度 30 °C，转速 120 r/min 的恒温培养箱中培养。分别于 0 h、2 h、4 h、8 h、12 h、16 h、24 h、36 h 取出 3 mL 溶液。其中 2 mL 加入 0.1 mL pH 2 饱和 Na_2SO_4 溶液混合均匀，随后加入 1 mL DnBP 的二氯甲烷萃取溶剂，加盖特氟龙橡皮塞，铝盖压口，置于 10 °C 恒温摇床振荡，转速为 120 r/min，振荡 15 min。静置数分钟后，待有机相和水界面有明显分层时，用微量进样针抽取萃取液于 1.5 mL 螺纹进样瓶中。用氮吹仪浓缩样品近干，加正己烷定容至 1 mL。另剩 1 mL 菌液置于分光光度计下，600 nm 波长下测量吸光度 $OD_{600\ nm}$。

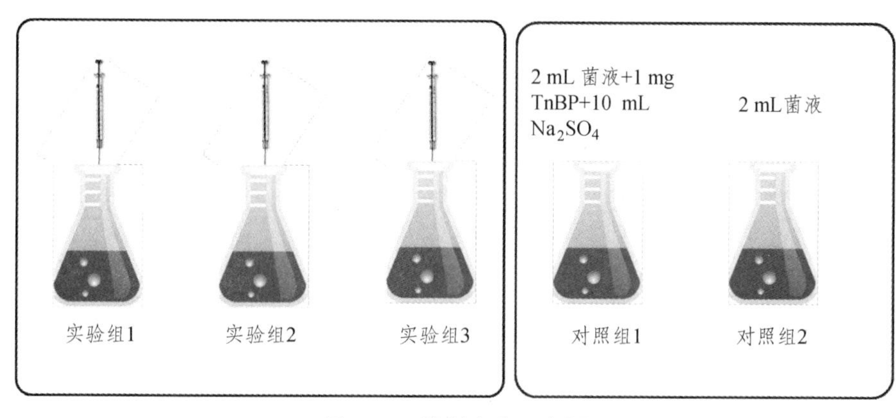

图 3.21　降解实验示意图

（三）空白对照

（1）对照 1 为 90 mL Brunner 无机盐培养基、1 mg TnBP 纯试剂和 10 mL pH 2 饱和 Na_2SO_4 溶液混合均匀，配制 10 mg/L 的 TnBP 培养基，隔夜震荡 12 h，待溶液混合均匀。随后分别量取 2 mL *Sphingomonas* 属菌液和 10 mL pH 2 饱和 Na_2SO_4 溶液于溶液中，置于温度 30 °C，转速 120 r/min 的恒温培养箱中培养。其余步骤同实验组。

（2）对照 2 为 100 mL Brunner 无机盐培养基和 2 mL *Sphingomonas* 属菌液。其余步骤同实验组。

（四）仪器参考条件

（1）气相色谱分析条件

参照本节实验一中五、实验步骤的气相色谱分析条件。

（2）分光光度计分析条件

开机预热 30 min，调至波长 600 nm，用蒸馏水矫正 0 点后测量。

六、数据处理

参见本节实验四。

七、数据记录

填入表 3.18。

表 3.18　降解实验数据记录

样品类型	取样时间/h	$OD_{600\ nm}$	C_t/C_0
实验组 1/2/3	0		
	2		
	4		
	8		
	12		
	16		
	24		
	36		
对照组 1/2	0		
	2		
	4		
	8		
	12		
	16		
	24		
	36		

八、问题与讨论

（1）阐述 2 个对照实验的目的。

（2）探讨 $OD_{600\ nm}$ 与降解速率之间的关系，并说明原因。

（3）对比本节实验三的结果，阐述化学降解与微生物降解的优劣。

第四章 水处理工艺实训与设计

废水污染控制技术的最终目标，就是采用经济、高效的手段，将废水中的多种污染物分解去除，实现废水中污染物的减量排放，最终改善接收水体的水环境质量或实现废水的资源化利用。目前我国经济快速发展，各行业的产品生产呈指数型增长，排放的废水量也与日俱增。而由于生产工艺的不同，各行业排放的废水性质差别很大。因此，针对不同的废水水质特点，结合各厂的经济水平和排放标准，如何设计经济、高效的废水处理工艺是当下水污染防治面临的主流问题。

根据环境科学与工程类专业的培养目标之一"培养学生能应用理论知识解决实际工程问题的能力"，在培养学生的实践能力时，将废水处理工艺的设计引入实训教学环节中，培养学生掌握各个工艺的运行特点，考查学生对单工艺的处理能力的测试分析；并结合实际工程的废水特点，结合地区的技术发展水平和行业排放标准，引导学生对各个阶段的工艺自行组装设计，建立针对不同废水的全阶段水处理工艺，并设计调整运行参数，测试能否实现达标处理。

本章包括三节内容，第一节介绍了本章教材所使用的水处理工艺实训系统；第二节针对水处理单工艺开展实训，包括对机械格栅、旋流沉砂池、气浮沉淀池、机械沉淀池、中和调节池、A^2/O、好氧池、二沉池、厌氧/MBR 池、SBR 池等工段；第三节是针对不同废水的全套水处理工艺的设计，包括城镇污水、农村生活污水、啤酒废水、电镀废水以及 MBR/MFC 资源化工艺。

第一节　水处理工艺实训系统简介

一、系统概览

本章实训使用的污水处理厂工艺综合实训流程如图 4.1 所示（型号：JK-WSGY，上海江科），装置的处理能力：每条线 20 L/h；总处理能力：60 L/h。

本系统设计包括二级工艺，一级物化处理与二级生物处理。一级物化处理包括：配水系统、格栅、旋流沉砂池、加药混凝沉淀系统、电凝聚气浮、中和调节池。二级生物处理工艺包括：普通活性污泥法污水处理工艺、A/O 污水处理工艺、A^2/O 污水处理工艺、UCT 污水处理工艺、MUCT 污水处理工艺、MBR 污水处理工艺、SBR 污水处理工艺、二级污水出水调节池等。生物处理单元由多种工艺形式组成，可并联同时运行也可选择其中一种工艺分批运行，检测其运行参数，确定其工艺特点，并对各工艺间性能特点进行对比，系统还包括水质传感器测控系统，可实现对主要监控对象（如 DO、pH、ORP、MLSS、流量、温度等）的远程数据在线监测、处理与控制。主要装置采用有机玻璃材质，可视性强，UPVC 工程化布管穿线，整个系统结构紧凑、美观、实用。

控制及监控系统为一体式触摸屏控制器，学生在实训中在监视器上可实现现场系统参数的记录、分析，并可根据需要在控制器上设置控制参数达到远程操作系统的目的。

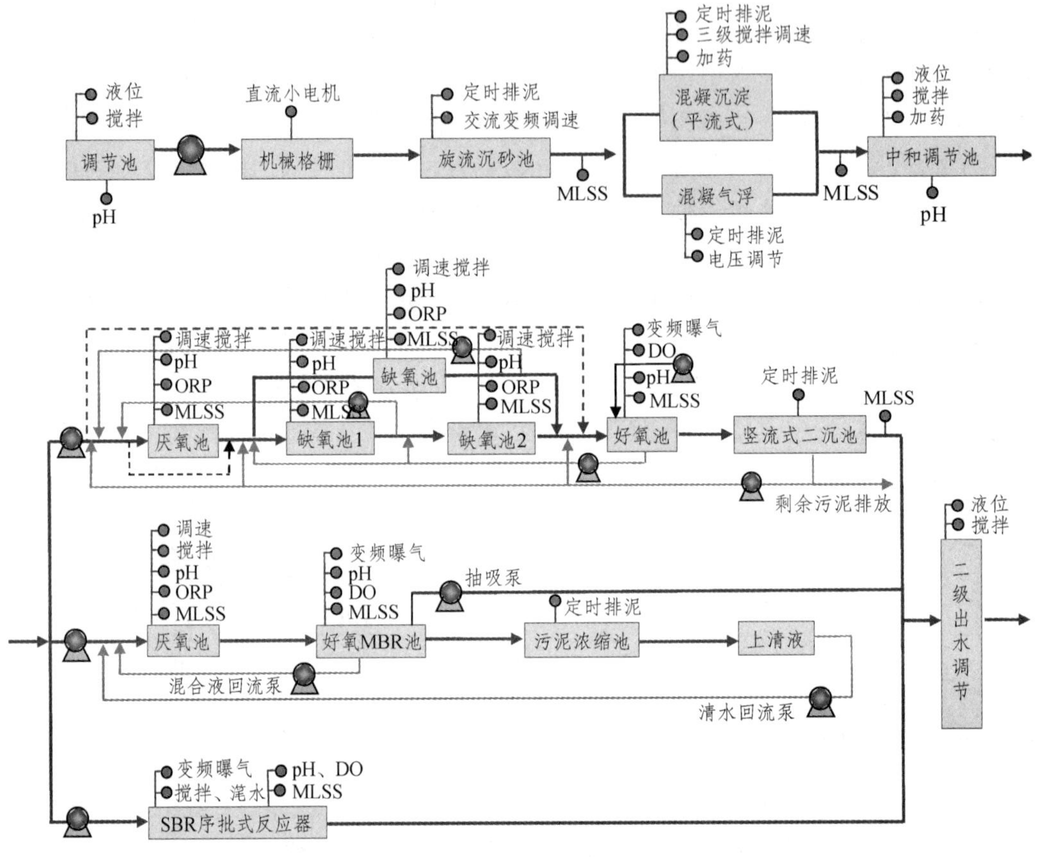

图 4.1　水处理综合实训系统工艺流程图

二、系统特征及要求

（1）各单元可通过电动阀门切换灵活组合，构成不同的处理工艺，根据需要完成各种实训，进行工艺研究和技术开发。

（2）独立单元实训、工艺组合实训和分组实训可在同一套装置上实现。

（3）重要控制参数实现远程数据在线监测与自动控制，集中显示和记录。

（4）采用计算机远程自动控制，采取自控与手控并举。

（5）系统整体具有操作灵活、运行稳定、适应性强、自动化控制等特点。

（6）系统水质要求，见表 4.1。

表 4.1　系统水质要求

指标	COD_{Cr} /mg·L^{-1}	BOD_5 /mg·L^{-1}	SS /mg·L^{-1}	TN /mg·L^{-1}	NH_3-N /mg·L^{-1}	TP /mg·L^{-1}	pH
原水	400	220	200	40	25	6	6 ~ 9
出水	60	20	20	20	8	1	6 ~ 9

进水水质为典型生活污水中等水质时（COD 400 mg/L，BOD 220 mg/L，SS 200 mg/L、TN 40 mg/L、氨氮 25 mg/L、TP 6 mg/L)，二级出水水质必须满足城镇污水处理厂污染物排放标准（GB 18918—2002）规定的一级 B 标准。

三、工艺流程及说明

整个系统的总处理设计流量约为 60 L/h，可运行负载 40 ~ 60 L/h。以城市污水作为水源，管道为 PVC 材质。

原水配水箱中装有搅拌液位控制器及 pH 检测装置，由一级提升水泵将污水提升到格栅后流入旋流沉砂池进行预处理。通过在线调节进水泵流量并显示水泵出水流量，通过数字通信接口远传至工控系统。旋流沉砂池的转速通过变频器控制，并远传至工控系统。

旋流沉砂池处理后的水经过自流进入混凝沉淀池或电凝聚气浮池，去除较大颗粒物或油脂等，之后流入二级处理系统。混凝工艺采用三级混凝搅拌，计量泵自动加药，搅拌强度由变频器控制。

二级处理系统采用多种生物处理工艺并联运行。工艺主要包括：普通活性污泥法污水处理工艺、A/O 污水处理工艺、A^2/O 污水处理工艺、UCT 污水处理工艺、MUCT 污水处理工艺、MBR 污水处理工艺、SBR 污水处理工艺、二级污水出水调节池等。多路并联，也可通过切换阀门选择其中一种工艺进行生物处理，在线监测 pH、ORP、DO、MLSS、流量等。经生化处理后流入二沉池进行固液分离，回流污泥由计量泵控制并显示流量，多余污泥由电磁阀排出，上清液进入二级出水调节池。

各主要工艺装置之间设有切换用电磁阀，可以选择不同的处理工艺进行实训。

四、系统的设备配置

（一）一级物化处理单元（表 4.2）

表 4.2　一级处理单元装置

名称	部件
调节池	调节池、搅拌器、提升泵、在线 pH 计、液位开关、设备支架、连接管道阀门

续表

名称	部件
机械格栅	格栅池、格栅电机、设备支架、连接管道阀门
旋流沉砂池	旋流沉砂池、在线污泥浓度计、直流脉宽变频调速器、搅拌器、电磁排泥电动球阀、连接管道阀门、设备支架
混凝沉淀池	三级混凝搅拌池、斜板沉淀池、在线污泥浓度计、直流脉宽变频调速器、搅拌器、加药计量泵、储药箱、进水切换电动球阀、排泥阀、电动球阀、设备支架、连接管道阀门
混凝气浮	电凝聚气浮、可控硅整流调压器、隔离变压器、数显电压表、数显电流表、机械刮渣机、进水切换电动球阀、排泥阀电动球阀、设备支架、连接管道阀门
中和调节池	调节池、在线 pH 计、搅拌器、加药计量泵、储药箱、液位开关、设备支架、连接管道阀门

（二）二级生化工艺处理单元（表 4.3）

表 4.3　二级生化处理单元装置

名称	部件
厌氧池	厌氧反池、在线 pH 计、在线 ORP 计、在线污泥浓度计、进水提升泵、直流脉宽变频调速器、厌氧搅拌器、厌氧池进水电动球阀（阀 1）、厌氧池污泥回流电动球阀（阀 2）、连接管道阀门、设备支架
缺氧池	缺氧池、在线 pH 计、在线 ORP 计、在线污泥浓度计、混合液回流泵、直流脉宽变频调速器、缺氧搅拌器、缺氧池进水电动球阀 2（阀 6）、缺氧池进水电动球阀 1（阀 8）、缺氧池混合液回流电动球阀（阀 9）、缺氧池污泥回流电动球阀（阀 10）、缺氧池出水电动球阀（阀 11）、连接管道阀门、设备支架
缺氧池 1	缺氧池 1、在线 pH 计、在线 ORP 计、在线污泥浓度计、混合液回流泵、直流脉宽变频调速器、缺氧搅拌器、缺氧池 1 进水电动球阀（阀 3）、缺氧池 1 污泥回流电动球阀（阀 4）、连接管道阀门、设备支架
缺氧池 2	缺氧池 2、在线 pH 计、在线 ORP 计、在线污泥浓度计、直流脉宽变频调速器、缺氧搅拌器、缺氧池 2 混合液回流电动球阀（阀 5）、缺氧池 2 出水电动球阀（阀 7）、连接管道阀门、设备支架
好氧池	好氧反应池、在线 pH 计、在线 DO 监测仪、在线污泥浓度计、曝气泵、在线风量计、变频器、曝气器、控制电磁阀、混合液回流泵、好氧池进水电动球阀（阀 12）、好氧池污泥回流电动球阀（阀 13）、连接管道阀门、设备支架
竖流式二沉池	竖流式二沉池、在线污泥浓度计、污泥回流泵、竖流式二沉池排泥电动球阀（阀 14）、连接管道阀门、设备支架

续表

名称	部件
厌氧池	厌氧池、进水提升泵、在线 pH 计、在线 ORP 计、在线污泥浓度计、直流脉宽变频调速器、厌氧搅拌器、连接管道阀门、设备支架
好氧 MBR 池	MBR 反应池、在线 DO 监测仪、在线 pH 计、在线污泥浓度计、曝气泵、在线风量计、变频器、曝气器、MBR 膜组件、混合液回流泵、高低液位开关、膜滤抽吸泵、连接管道阀门、设备支架
污泥浓缩池	污泥浓缩池、上清液回流泵、排泥电动球阀、连接管道阀门、设备支架
SBR 工艺	SBR 反应池、在线 pH 计、在线 DO 监测仪、在线污泥浓度计、曝气泵、在线风量计、变频器、曝气器、搅拌器、直流脉宽变频调速器、滗水器、滗水电动球阀、排泥电动球阀、进水提升泵、变频器、电磁流量计、连接管道阀门、设备支架
二级出水调节池	调节池、搅拌器、高低液位开关、设备支架、连接管道阀门

（三）远程控制与系统监控单元（表 4.4）

表 4.4　远程控制单元装置

名称	部件
自动化控制系统	工业电器控制柜、嵌入式工业平板计算机、工业控制系统、编程电缆、网络系统、软件

仿真操作系统界面如图 4.2。

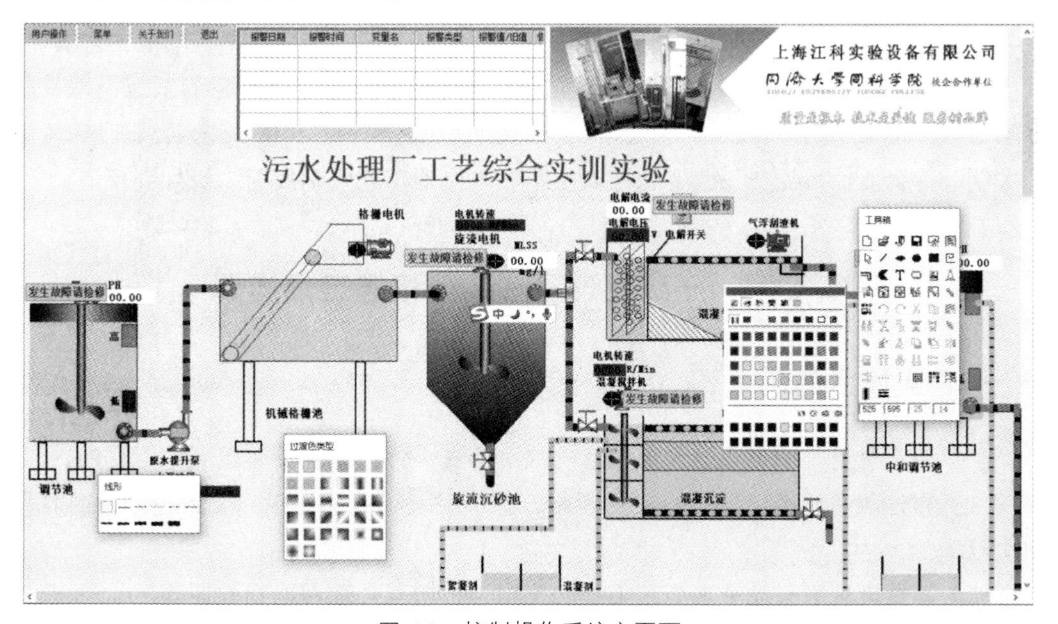

图 4.2　控制操作系统主页面

第二节　水处理工艺实训

现阶段，针对工科专业学生的培养过程，大部分都停留在理论学习阶段，学生在理论课上学习的专业知识和对工艺的理论认知难以与实际的工程工艺相结合，导致培养的学生实际操作能力欠缺，对工艺只停留在理论理解上，在就业后面临实际的工程问题时无从下手。因此，在工科学生的培养过程中，如何强化实践环节是当下培养工科专业学生面临的问题。

增设实践场地和开展虚拟仿真平台是强化实践环节的两大方式。环境科学与工程类专业的学生重在培养新时代环境防护与生态修复的高技能复合型人才。针对环境科学与工程类专业的培养，为切实提高学生对实际环境治和生态修复等工程问题的解决能力，强化学生的实践操作技能，本节主要从虚拟仿真平台实验和运行实训装置两个环节开展学生实验。

在第一阶段的虚拟仿真平台学习中，学生可以在界面上看到各个工段（工艺）包含的主要构筑物以及主要考察的指标参数，学生可在虚拟仿真软件界面通过计算机操作完成装置的运行，装置的参数读取以及装置的故障排查。

在第二阶段的实训装置操作中，有虚拟仿真阶段的学习基础，学生在装置的运行中会更加熟练，对工段（工艺）的运行监测更加熟悉，更能快速对各个工段（工艺）运行故障完成监检测和排查，从而对各个工段（工艺）的认知更加深刻。

本节包括有 8 个工段（工艺）的实验，分别为：机械格栅工段实训、初沉池工段实训（包括旋流沉砂池、混凝-斜板沉淀池）、电解-混凝气浮工段实训、A^2/O 工艺实训、SBR 工艺实训、MBR 工艺实训、传统活性污泥法工艺实训、微生物燃料电池工艺实训。其中：机械格栅工段实训、初沉池工段实训（包括旋流沉砂池、混凝-斜板沉淀池）和电解-混凝气浮工段实训属于一级处理环节；A^2/O 工艺实训、SBR 工艺实训、MBR 工艺实训、传统活性污泥法工艺实训和微生物燃料电池工艺实训属于二级处理环节。

实验一　一级处理——机械格栅工段实训

一、实训目的

本实训装置是机械格栅池内部构造的演示装置。通过实训希望达到以下目的：

（1）通过对有机玻璃装置直接的观察，加深对其构造的认识，了解各部分的名称和功能。

（2）掌握机械格栅池中水与污染物的流向，了解其去除污染物的原理。

二、工作原理

格栅是由一组平行的栅条制成的金属框架，斜置在废水流经的断面上，或安装在集水池的进口处，用以截阻大块的呈漂浮状态的或沉积状态的固体，以免堵塞水流管路和后续的处理设备（图 4.3）。截留效果取决于缝隙宽度和水的性质。

按格栅栅条间距的大小不同，格栅分为粗格栅、中格栅和细格栅 3 类。按格栅的清渣方法，有人工格栅、机械格栅和水力清除格栅三种。按格栅构造特点不同可分为抓耙式、循环式、弧形、回转式、转鼓式、旋转式、齿耙式和阶梯式等多种形式。格栅设备一般用于进水渠道上或提升泵站集水池的进口处，主要作用是去除污水中较大的悬浮或漂浮物，以减轻后续二级处理装置的处理负荷，并起到保护水泵、管道、等作用。当拦截的栅渣量大于 0.2 m^3/d 时，一般采用机械清渣方式；栅渣量小于 0.2 m^3/d 时，可采用人工清渣方式，也可采用机械清渣方式。

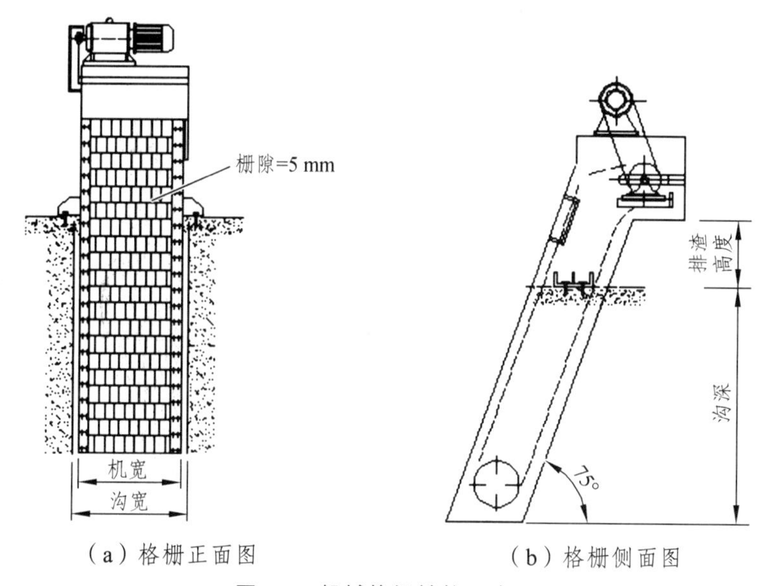

（a）格栅正面图　　（b）格栅侧面图

图 4.3　机械格栅结构示意图

三、实训装置

（一）设备配置信息（表 4.5）

表 4.5　设备信息表

机械格栅（图 4.4）	格栅池	设备材质：有机玻璃；外形尺寸：270 mm×150 mm×200 mm；有效容积 3 L	1 个
	格栅电机	60KTYZ 永磁同步电机；AC 220 V/50 Hz；功率 14 W；转速 10 r/min	1 台
	设备支架	不锈钢材质	1 套
	连接管道阀门	国标 PVC 给水管、弯头、阀门等	1 套

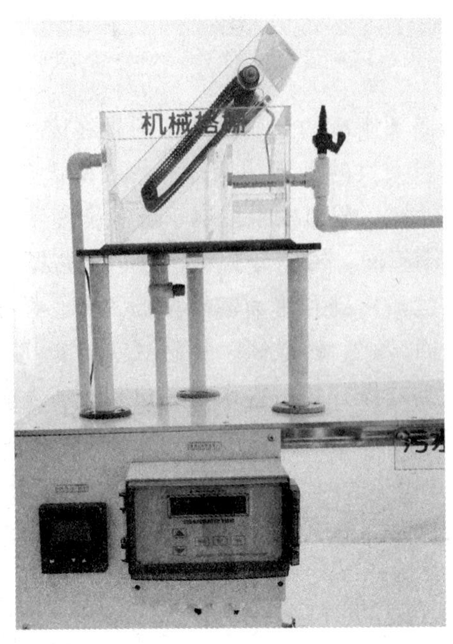

图 4.4　机械格栅装置图

（二）设备运行参数

环境温度：5 ~ 40 °C。

处理水量：40 L/h

池体尺寸：长 250 mm、宽 150 mm、高 200mm。

格栅倾角度：75°。

四、实训步骤

（一）虚拟工艺训练

通过格栅工段虚拟仿真软件（图 4.5）开展训练。目的是熟悉格栅运行原理、操作流程和相关计算，为后续实物装置训练的成功开展奠定良好的基础。

（1）依次打开格栅间污水来水进口阀。

（2）依次打开提升泵；观察集水井液位，待集水井液位超过 5.5 m 后，调整集水井进水阀和出水阀的开度，控制集水井液位在 6 m 左右。

（3）当水流入格栅后，达到限制液位高度一半时，缓慢打开排水阀，使格栅内水流速度 0.4 ~ 0.9 m/s，液位高度稳定。

（4）打开格栅底部排泥阀，定期除泥。

（二）实物装置工艺训练

（1）配好一定量的污水，关闭机械格栅池的放空阀。

（2）打开格栅电机与进水泵，调节进水流量在 40 L/h 左右。

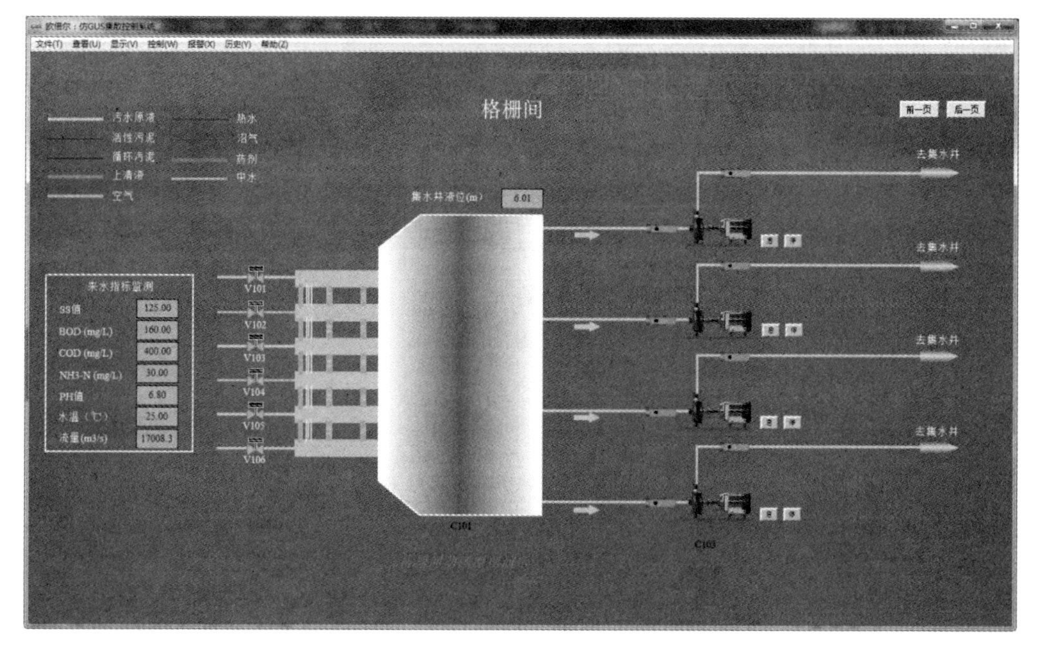

图 4.5　格栅处理虚拟仿真实验界面

（3）进行一段时间的处理，观察其设备结构，分析去除污染物的方式。

（4）实训结束，打开机械格栅池的放空阀，关闭进水泵与机械格栅电源，实训结束。

实验二　一级处理——初沉池（旋流沉砂池）工段实训

一、实训目的

沉砂池的作用是从废水中分离密度较大的无机颗粒，它一般设在污水处理厂的前端，保护水泵和管道免受磨损，缩小污泥处理构筑物容积，提高污泥有机组分的含量，提高污泥作为肥料的价值。旋流沉砂池是利用机械力控制流态与流速，利用离心力加速沙粒的沉淀。

本实训装置是旋流沉砂池的动态处理实训，希望达到以下目的：

（1）通过对有机玻璃装置直接的观察，加深对其构造的认识，弄懂各部分的名称和功能。

（2）掌握旋流沉砂池中水与砂粒的运动方向，了解其去除污染物的原理。

（3）确定砂粒的大小与旋流速度对去除率的影响。

二、工作原理

旋流式沉砂池除砂机在驱动装置的驱动下，池中搅拌叶轮旋转产生离心力，使水中的砂粒沿壁及池底斜坡集于池底的集砂斗中，同时将砂粒上黏附的有机物分离下来。

沉积于砂斗内砂粒通过气提或砂泵提升至池外，作进一步砂水分离。

旋流式沉砂除砂机是一种新型的砂水分离工艺。主要应用于给排水工程中去除水中的砂粒及附在砂粒上的有机物，可有效地分离直径大于 0.2 mm 的砂粒。旋流式沉砂池除砂机在驱动装置的驱动下，池中搅拌叶轮旋转产生离心力，使水中的砂粒沿壁及池底斜坡集于池底的集砂斗中，同时将砂粒上黏附的有机物分离下来。沉积于砂斗内砂粒通过气提泵或砂泵提升至池外，作进一步砂水分离。由于叶轮桨板向上倾斜，旋转时使池中污水做螺旋运动，加上因污水切向进入，产生与叶轮旋向一致的旋流，池中的污水形成涡螺流态。在适当的叶桨倾角和线速度条件下，污水中的砂粒将受到冲刷并仍保持最佳的沉降效果，而原来附着在砂粒上的有机物以及重度小的物质将随污水一同流出旋流池。另外，由于叶轮旋转，减少了旋流池因进水量变化导致流态变化的敏感程度，保证了沉砂池稳定、出砂的有机成分含量低等特点。

三、实训装置

设备主要包括：旋流沉砂池直段、锥段、中心导流筒、旋流搅拌桨、旋流电机等组成（图 4.6）。装置主要参数如下：

（1）环境温度：5 ~ 40 °C。

（2）处理水量：40 L/h。

（3）池体直径：300 mm；直段高度：400 mm；锥段高度：500 mm。

（4）锥段角度：30°。

（5）旋流速度：0 ~ 220 r/min，可调。

（6）实训砂粒直径：0.2 ~ 0.5 mm。

图 4.6　旋流沉砂池结构图

四、实训步骤

（一）虚拟工艺训练

通过初沉池工段虚拟仿真软件（图 4.7）开展训练。目的是熟悉初沉池工作原理、操作流程和相关计算，为后续实物装置训练的成功开展奠定良好的基础。

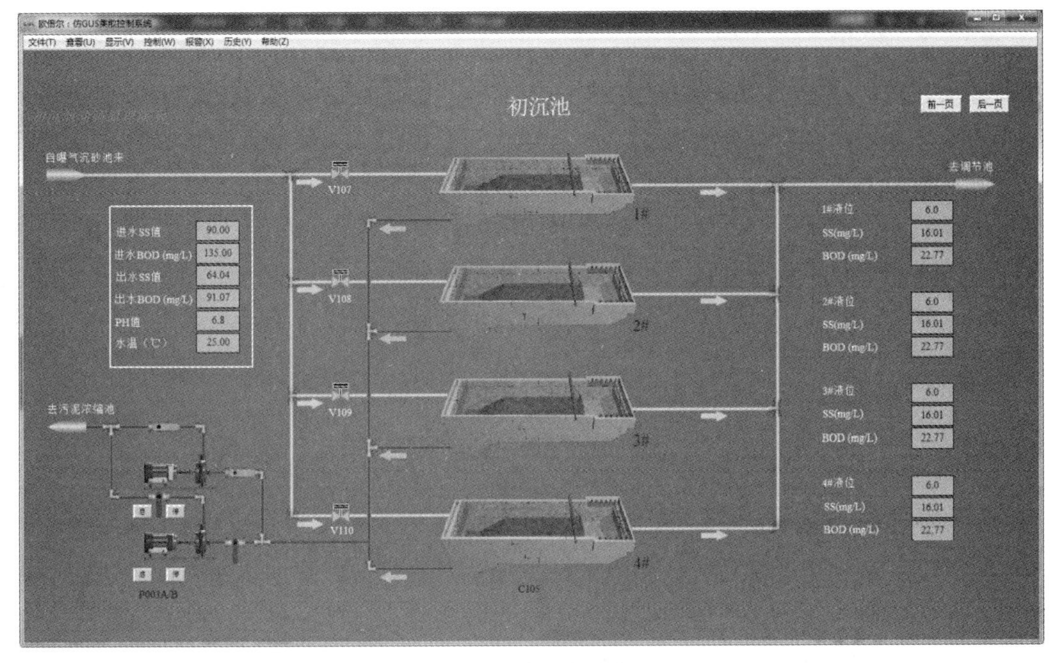

图 4.7 初沉池虚拟仿真软件界面

（1）打开各初沉池入口阀，让水流进入初沉池；

（2）调整初沉池的水流速度，在 0.15 ~ 0.3 m/s；

（3）观察初沉池液位，待初沉池液位超过 5.8 m 后，打开初沉池出口阀（注意观察初沉池出口 pH，若 pH 有变化，可通过调节池调节 pH）。

（4）定期检测初沉池的排泥量。

（二）实训装置工艺训练

（1）配好一定量的含砂污水，砂粒直径：0.2 ~ 0.5 mm。

（2）关闭旋流沉砂池的放空阀。

（3）打开进水泵，调节进水流量在 40 L/h 左右。

（4）打开旋流电机，调节旋流转速在 150 r/min 左右。

（5）进行一段时间的处理，观察其设备结构与砂粒的运动轨迹，分析去除污染物的方式。

（6）记录数据，进出水的 pH、SS、转速、流量等。

（7）实训结束，打开旋流沉砂池的放空阀，关闭进水泵与旋流电机电源，实训结束。

实验三　一级处理——初沉池（混凝-斜板沉淀）工段实训

一、实训目的

给水处理中澄清工艺通常包括混凝、沉淀和过滤，处理对象主要是水中悬浮物和胶体杂质。原水加药后，经混凝使水中悬浮物和胶体形成大颗粒絮凝体，而后通过沉淀池进行重力分离。机械反应斜板沉淀池就是混凝、沉淀两种功能的净水构筑物。本模型就是展示机械反应池和斜板沉淀池内部构造的演示装置。希望达到以下目的：

（1）通过对有机玻璃装置直接的观察，加深对组成的各个部分的了解。

（2）掌握机械反应池和斜板沉淀池水流方向和操作使用方法，观察絮体生成和沉淀的状况。

二、工作原理

（一）机械反应池

机械反应是利用电动机减速装置驱动搅拌器对水进行搅拌，将池内分成三格，每格均安装一台搅拌器，为适应絮凝体由大到小形成规律，第一格内搅拌强度最大，而后逐渐减小。

（二）斜板沉淀池

斜板沉淀池由于改善了水力条件，增加了沉淀面积，因此是一种高效的沉淀方式。常用异向流斜板沉淀池，在反应池已成絮体的水流，从池下部配水区进入，从下而上穿过斜板区，沉淀颗粒沉于斜板上，然后沿斜板滑下，由于水流方向和污泥流向相反，所以称为异向流。清水经池上部进入集水槽，流向池外。

三、实训装置

在沉淀池有效容积一定的条件下，增加沉淀面积，可使颗粒去除率提高。根据这一理论，过去曾经把普通平流式沉淀池改建成多层多格的池子，使沉淀面积增加。但由于排泥问题没有得到解决，因此无法推广。为解决排泥问题，斜板沉淀池发展起来，浅池理论才得到实际应用。

斜板沉淀池是把与水平面成一定角度（一般 60°左右）的众多斜板放置沉淀池中构成。水从下面向上流动（也有从上向下、或水平方向流动），颗粒则沉于斜板底部。当颗粒累积到一定程度时，便自动滑下。如图 4.8、图 4.9 所示。

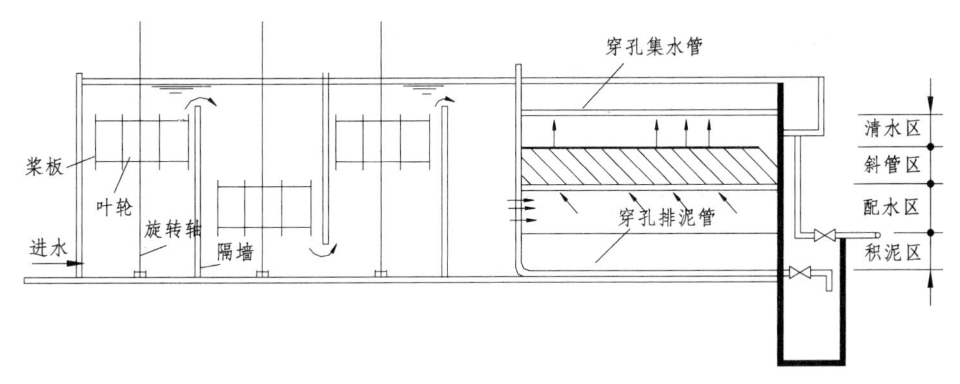

图 4.8　机械絮凝斜板沉淀池示意图

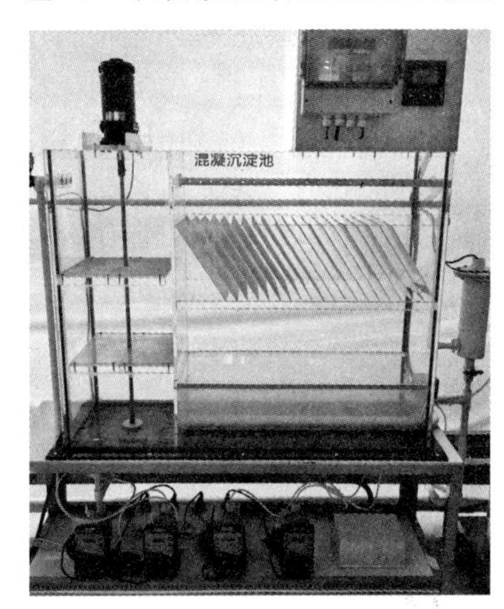

图 4.9　混凝沉淀池装置

四、实训步骤

（1）用清水注满沉淀池，检查设备及管配件能否正常工作。

（2）将经过投药混凝反应后的水样用泵打入沉淀池（流量控制在 40 L/h 左右）。

（3）改变进水流量，测定不同负荷下的进、出水浊度。

（4）定期从污泥斗排泥。

（5）实训数据记录在表 4.6 中。

表 4.6　斜板沉淀池实训数据记录表

序号	原水流量 /$L\cdot h^{-1}$	混凝剂	投药量 /$mg\cdot L^{-1}$	浊度（NTU）		去除率/%
				进水	出水	
1						
2						
3						
备注：	原水 pH =		水温 =	°C		

实验四　一级处理——电解-混凝气浮工段实训

一、实训目的

在电解质溶液中进行电导过程时，实际上同时有化学反应发生。借助于外加电流的作用而发生化学反应，把电能转化为化学能的过程称为电解。利用电解过程中的电极反应和二级反应，可以使水中杂质转化形态，除氧化还原反应外还可以发生其他反应过程，最终达到消除污染的目的。

本装置是电解法处理污水的教学演示和动态试验设备。通过试验希望达到以下目的：

（1）了解电絮凝气浮实训装置的工作原理。

（2）了解电絮凝气浮实训装置的主要组成和内部构造。

（3）掌握运行操作方法。

（4）探讨电压、电流、电解时间、电极间距、原水浓度和pH等因素对去除效率和能耗的影响。

二、工作原理

连接电源正极的电极，从溶液中接受电子，输送给外部电源，在溶液内部它被称为阳极。在溶液中阴离子迁移趋向阳极，并在阳极上给出电子，发生的是氧化反应；阳离子迁移趋向于阴极，并从阴极上接受电子，发生的是还原反应。

若用铝或铁等金属作为阳极，具有可溶性，Al、Fe以离子状态溶入水中，经过水解反应可以生成羟基配合物并发展成为无机高分子电解质。这类生物可以当作混凝剂对各种含有悬浮物、胶体的污水进行处理。

当电极采用不溶性电极时，电解时在阳、阴极表面可以大量生成氢气和氧气，以微小气泡逸出。在气泡脱离电极从水层中上升的过程中，可以吸附水中微粒杂质浮至水面，经收集后除去。

废水电解时，由于水的电解及有机物的电解氧化，在阳极、阴极表面上会有气体（如 H_2、O_2 及 CO_2、Cl_2 等），呈微小气泡析出，它们在上升过程中，可黏附水中杂质微粒及油类浮到水面而分离。电解时，不仅有气泡浮上作用，而且还兼有凝聚、共沉、电化学氧化、电化学还原等作用。

废水在直流电场作用下，水被电解，在阳极析出氧气，在阴极析出氢气，此外，电解氧化时，有机物可产生 CO_2，氯化物可产生 Cl_2。电解产生的气泡粒径很小，而且密度也小（参见表4.7）。

表 4.7　产生的气泡粒径与平均密度

类别	气泡粒径/μm	气泡平均密度/$g \cdot L^{-1}$
电解	氢气泡　10 ~ 30	0.5
	氧气泡　20 ~ 60	

三、实训装置

（1）实训器材：电解凝聚气浮实训控制器、铝电极、进水泵、刮渣电机。

（2）直流控制器：直流电源控制器是本实训装置的关键设备，可进行电解定时调节、换极周期调节以及输出脉动电源的新型直流电源。这种电源电效率高，而且不存在电极极化钝化现象，大大提高了电解效率，另一方面，它的微脉动性亦有利于电化学过程。其技术参数如下：

① 电源容量 1000 W；电压调节范围 0 ~ 65 V；电流调节范围 15 A。

② 倒极周期调节范围 0 ~ 600 s。

③ 实训最佳输出电流 10 A，实训最佳输出电压：调节电流<10 A 的电压。

④ 实训最佳换极周期 30 ~ 360 s（0.5 ~ 6 min）。

⑤ 实训最佳实行时间≤30 min。

实训装置如图 4.10 所示。

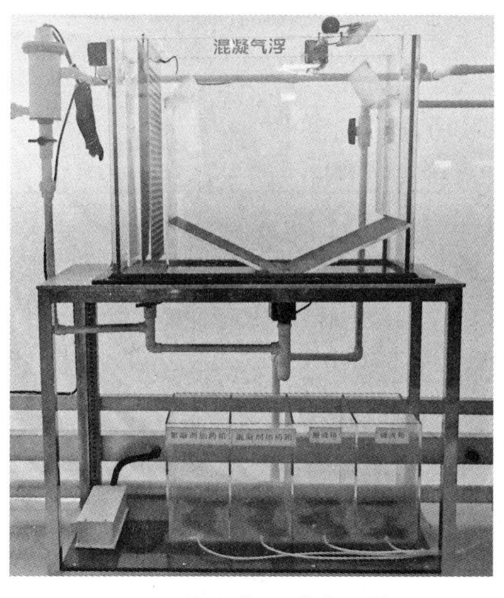

图 4.10　混凝气浮池实训装置

四、实训步骤

（一）虚拟工艺训练

通过加压溶气气浮工艺虚拟仿真软件（图 4.11）开展工艺训练。目的是熟悉实训原理、流程、相关计算，为后续实物装置工艺训练的成功开展奠定良好的基础。

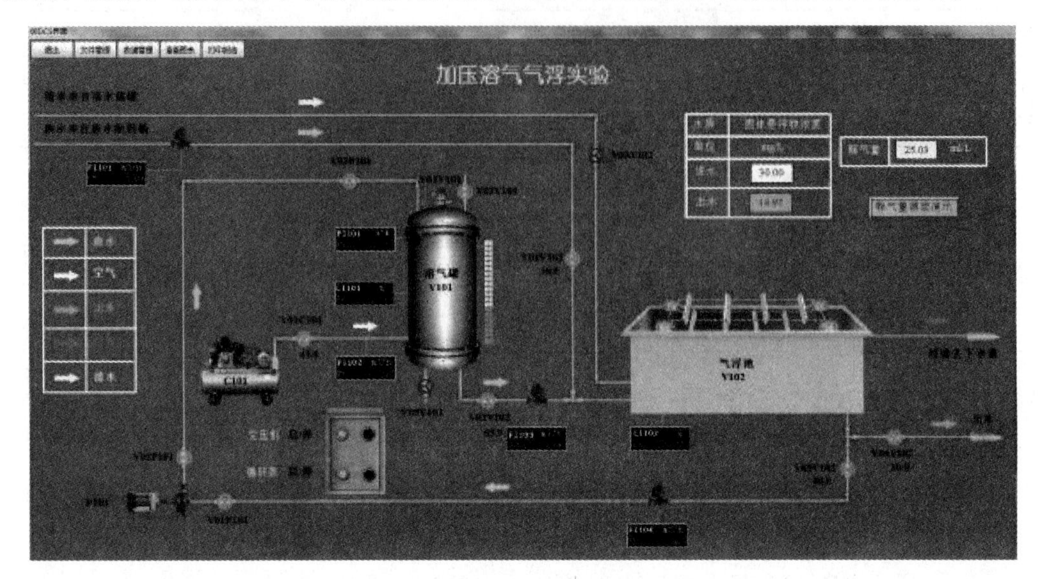

图 4.11 加压溶气气浮虚拟仿真软件界面

1. 溶 气

（1）开清水进口阀门向气浮池内补充清水。

（2）注满清水后，关清水进口阀门。

（3）开空压机出口阀（开度 50%）。

（4）启动空压机，溶气罐升压。

（5）溶气罐压力>2.5×10^5 Pa 后，开放空阀。

（6）通过调节空压机出口阀的开度，溶气罐压力控制在 3.0×10^5 Pa 左右。

（7）开回流阀（开度 40%）。

（8）开循环泵、进口阀。

（9）启动循环泵（为防止抽空，启动循环泵时，泵前液位不能低于 5%）。

（10）开循环泵出口阀。

（11）开溶气罐进水阀、向溶气罐内补充循环水。

（12）溶气罐液位>20%后，开溶气罐出水阀门，将溶气水输往气浮池的接触室。

（13）通过调节溶气罐出水阀门的开度，控制溶气罐的液位保持在 30%。

（14）点击释气量动画演示。画面上会显示测得的释气量，释气量稳定说明气液达到平衡。

2. 记 录

（1）开气浮池进废水阀门，改变开度（比如 10%、20%、30%、40%、50%……100%），记录 10 组数据。

（2）改变开度的同时相应改变出水阀门的开度（两阀门开度相同），维持气浮池液位稳定。

（二）实物装置工艺训练

（1）将废水（如印染废水或人工配制废水）装入原水箱的 2/3 处。

（2）打开进水泵将池中水打满，使其自然溢出。

（3）在流程画面上输入电解电压，保持电流在所需电流上（一般不超过 10 A 为宜）；如电流过小，可以在水中加少量食盐以提高导电率。

（4）在电解凝聚过程中，由于溶液中物质的电化学作用变化，其电解电流会发生波动，此时，请注意调整电压，使电流保持在 10 A 进行恒流式电解。

（5）在设备正常工作后，取水样做水质分析，并与原水样对比以评价处理效果。水样分析方法和指标应依据具体水样选择或设计，如测定 BOD_5、COD、色度（比色法）以及测定某种离子或离子团的含量。当电解凝聚处理达到预定时间后实训结束，切断电解电源，关闭进水泵。

实验室环境潮湿，不可避免要与水接触，实训中要严防师生触电事故。为确保安全，直流控制器应可靠接地。

（6）完成实训报告。

实验五　二级处理——A^2/O 工艺实训

一、实训目的

（1）熟悉 A^2/O 工艺的脱氮除磷的原理。

（2）通过观察 A^2/O 处理系统的运行，加深对该处理系统的特点和运行规律的认识。

（3）了解 A^2/O 处理系统的控制方法，以及在实际运行中的作用和意义。

二、工作原理

污水中一般含有大量的难降解的有机物质，如 COD_{Cr}、BOD_5 和 SS，但它们的去除比较容易实现，而氮、磷的脱除则比较复杂。由生物脱氮除磷原理可知，脱氮除磷涉及硝化、反硝化、微生物释磷和吸磷等过程。每一个过程的目的不同，对微生物的组成、基质类型以及环境条件的要求也不同。怎样在一个工艺系统中把上述各过程按它们各自所需要的反应条件有机地结合在一起，以达到同步脱氮除磷的目的，是污水处理领域的一项新课题。各种同步脱氮除磷工艺近年来应运而生，如按空间进行分割的连续流活性污泥法有 A^2/O 工艺、Bardenpho（Phoredox）工艺、UCT 工艺、氧化沟工艺。这些工艺特点都是为不同功能的微生物菌种创造有利于生长的厌氧、缺氧、好氧三种不同的环境条件。各工艺之间的不同在于变换了三种运行状态的组合方式、进水方式以及回流方式等。

A^2/O 工艺流程如图 4.12 所示：

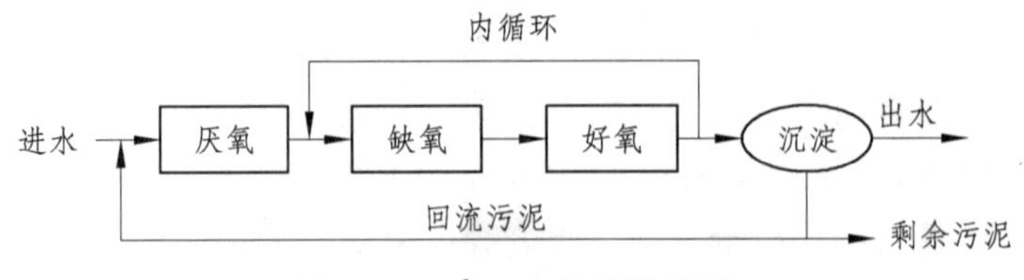

图 4.12　A^2/O 水处理流程图

原污水与二沉池回流污泥一道进入厌氧池，兼性厌氧发酵细菌将污水中可生物降解的大分子有机物转化为低分子挥发性脂肪酸（VFA）。聚磷菌将其体内储存的聚磷酸盐水解，释放到水中，提供的能量一部分供专性好氧的聚磷菌在厌氧的环境下维持生存，另一部分能量供聚磷菌主动吸收环境中的 VFA 类低分子有机物，并以 PHB 的形式在体内存储起来。厌氧池的主要功能是进行磷的释放，使污水中 P 的浓度升高，溶解性有机物被细胞吸收而使污水中 BOD 浓度下降；另外 NH_3-N 因细胞的合成而被去除一部分，使污水 NH_3-N 浓度下降，但 NO_3^--N 的含量没有变化。

随后污水同回流混合液一并进入缺氧池，反硝化菌利用污水中可生物降解的有机物作为碳源，将回流混合液中带入的大量 NO_3^--N 和 NO_2^--N 还原为 N_2 释放至空气中，达到了同时降低 BOD 与脱氮的目的。缺氧池中 BOD 浓度继续下降，NO_3^--N 浓度大幅度下降，而 P 的变化很小。

接着污水进入好氧池，聚磷菌通过分解其体内储存的 PHB 释放能量来维持其生长繁殖，同时过量地摄取周围环境中的溶解性磷，并以聚磷的形式在体内储积起来；有机物在经厌氧区、缺氧区分别被聚磷菌和反硝化菌利用后，到达好氧区时浓度已相当低了，这就有利于自养型硝化菌的生长繁殖，并通过硝化作用将氨氮转化为硝酸盐。使 NH_3-N 浓度显著下降，但随着硝化过程的进展，NO_3^--N 浓度增加，P 因被聚磷菌过量摄取，浓度以较快的速率下降。

三、实训装置

A^2/O 处理系统实物装置如图 4.13 所示；A^2/O 污水处理虚拟仿真软件如图 4.14 至图 4.16 所示。

四、实训步骤

（一）虚拟工艺训练

通过 A^2/O 污水处理虚拟仿真软件开展工艺训练。目的是熟悉工艺原理、流程、控制，为后续实物装置实训的成功开展奠定良好的基础。

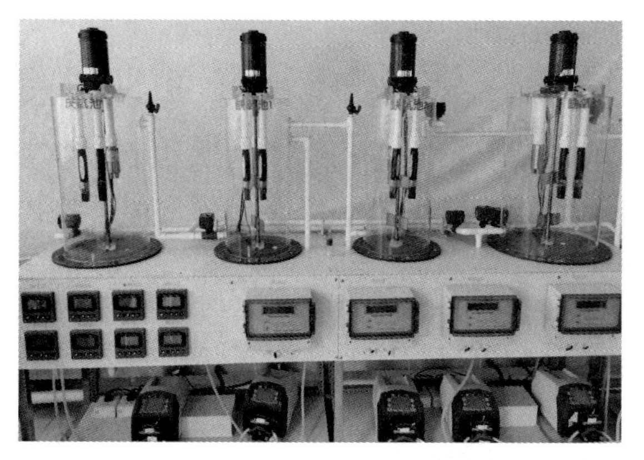

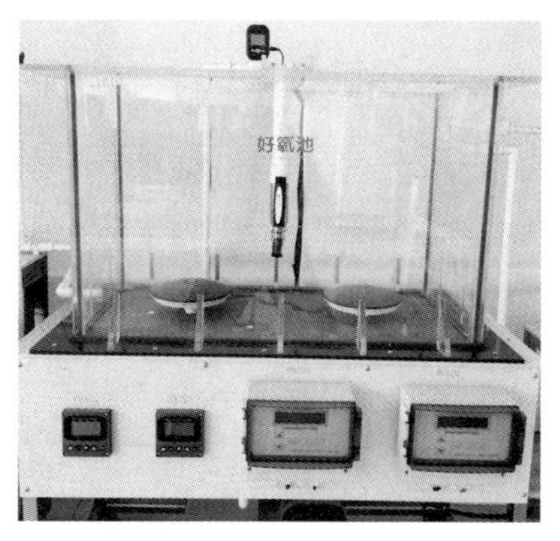

图 4.13　A^2/O 工艺装置

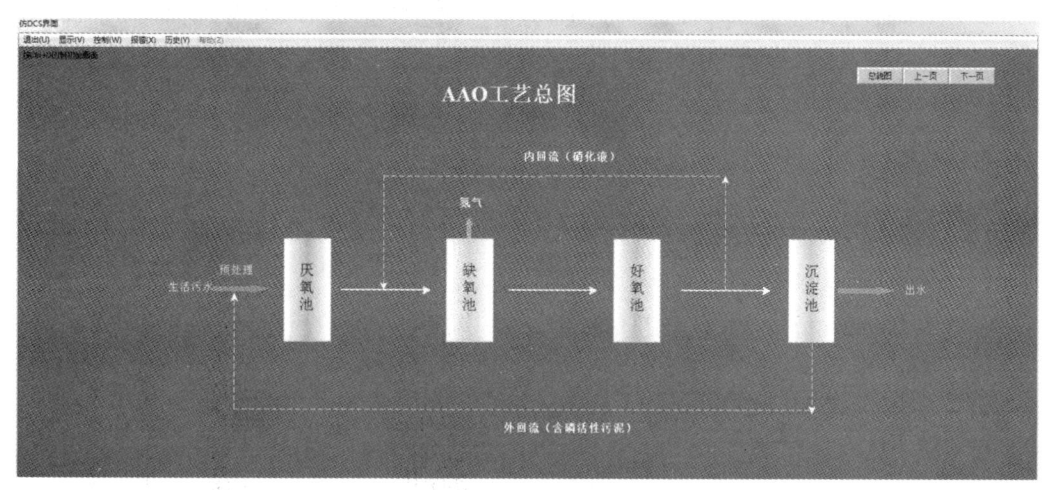

图 4.14　A^2/O 工艺流程总图

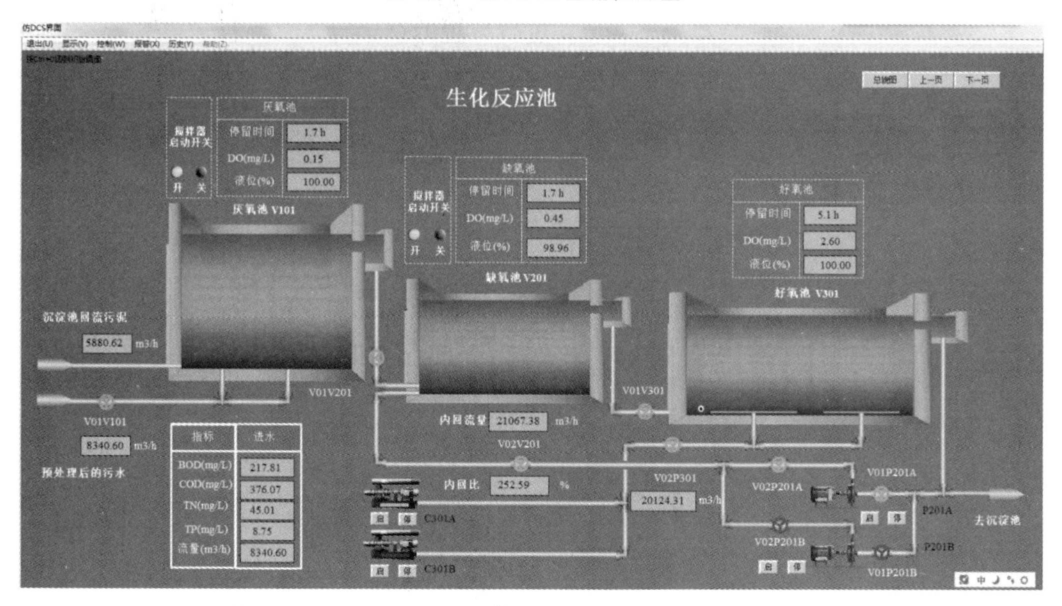

图 4.15　A^2/O 工艺反应池图

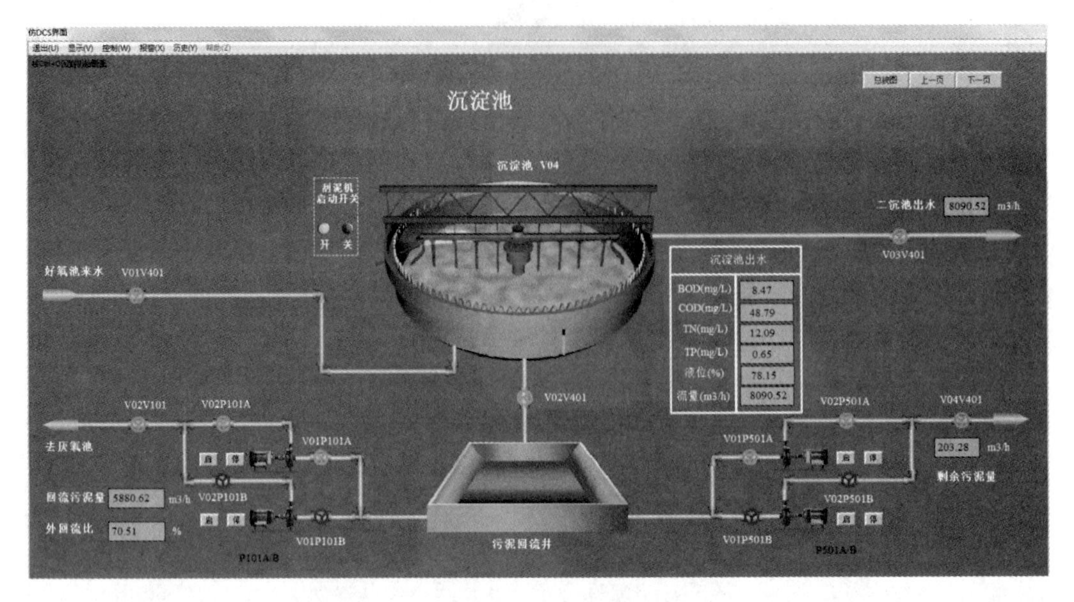

图 4.16　沉淀池图

（1）A^2/O 污水处理正常开车。

（2）A^2/O 污水处理 TN 超标开车。

（3）A^2/O 污水处理 TP 超标开车。

（二）实物装置工艺训练

（1）将原水送入反应器，直到达到所要求的水位。

（2）开启进水泵并调节进水流量。

（3）开启搅拌器、气泵和内外回流，进行装置的试运行。

（4）认真观察装置的运行情况及内外回流情况。

（5）通过以上观察，调节曝气和内外回流比。

五、思考题

（1）通过实训，比较 A^2/O 工艺与其他生物处理方式有什么不同。

（2）控制内回流比的大小对处理系统的运行有何影响？

（3）脱氮除磷 A^2/O 池的基本原理，是否有其他脱氮除磷工艺，几者之间有何区别。

（4）考虑到该工艺对脱氮除磷的效果，其运行控制参数如何控制？

（5）如何能保证系统长期稳定自动化运行？关键点在哪？

（6）如何从现场观察及测定指标中判断该系统运行的效果？

实验六　二级处理——SBR 工艺实训

一、实训目的

间歇式活性污泥处理系统又称序批式活性污泥处理系统，英文简称 SBR 工艺（Sequencing Batch Reactor，SBR）。本工艺最主要的特征是集有机污染物降解与混合液沉淀于一体，与连接式活性污泥法相比较，工艺组成简单，无需设污泥回流设备，不设二次沉淀池，一般情况下，不产生污泥膨胀现象，在单一的曝气池内能够进行脱氮和除磷反应，易于自动控制，处理水的水质好。

通过本实训希望达到以下目的：

（1）了解 SBR 工艺曝气池的内部构造和主要组成。

（2）掌握 SBR 工艺各工序的运行操作要点。

（3）就某种污水进行动态实训，以确定工艺参数和处理水的水质。

二、工作原理

SBR 法与传统活性污泥法的最大区别就是：以时间分割的操作方式代替了传统的空间分割的操作方式；以非稳态的生化反应代替了传统的稳态生化反应；以静止的理论沉淀方式代替了传统的动态沉淀方式。SBR 技术的核心就是 SBR 反应器（池），该池将调节均化、初沉、生物降解、二沉等多重功能集于一池，通常情况下，它主要由反应池、配水系统、排水系统、曝气系统、排泥系统，以及自控系统所组成（图 4.17、图 4.18）。SBR 工艺在运行上的主要特征就是顺序、间歇式的周期运行，其一个周期的运行通常可分为以下 5 个阶段。

（1）流入阶段：将待处理的污水注入反应池，注满后再进行反应。此时的反应池就起到了调节池调节均匀化的作用。另外，在注水的过程中也可以配合其他操作，如曝气、搅拌等以达到某种效果。

（2）反应阶段：污水达到反应器设计水位后，便进行反应。根据不同的处理目的，可采取不同的操作，如欲降解水中的有机物（去除 BOD）要进行硝化；吸收磷就以曝气为主要操作方式；若欲进行反硝化反应则应进行慢速搅拌。

（3）沉淀阶段：以理想静态的沉淀方式使泥水进行分离。由于是在静止的条件下进行沉淀，因而能够达到良好的沉淀澄清及污泥浓缩效果。

（4）排放阶段：经沉淀澄清后，将上清液作为处理水排放直至设计最低水位。有时在此阶段在排水后可排放部分剩余污泥。

（5）待机阶段：此时反应器内残存高浓度活性污泥混合液。

生化反应推动力大，反应效率高，池内可处于好氧、厌氧交替状态，净化效果好。

运行稳定，污水在理想状态下沉淀，沉淀效率高，排出水的水质好。耐冲击负荷能力强，池内滞流的处理水对污水有稀释、缓冲的作用，可以有效抵抗水量和有机物的冲击。运行灵活，工序的操作可根据水质水量进行调整。构造简单，便于操作及维护管理。控制反应池中的 DO、BOD_5，可有效控制活性污泥膨胀。适当控制运行方式可实现耗氧、缺氧、厌氧的交替，使其具有了较好的脱氮、除磷效果。工艺流程简单，造价低，无需设二沉池及污泥回流系统，初沉池和调节池通常也可省略，占地面积小。

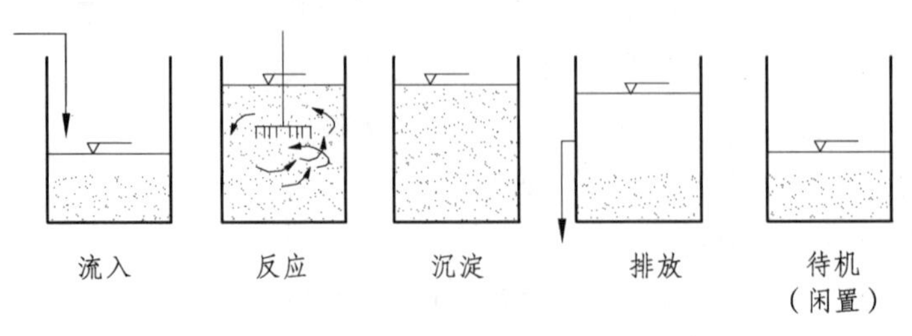

图 4.17　SBR 工艺曝气池运行工序示意图

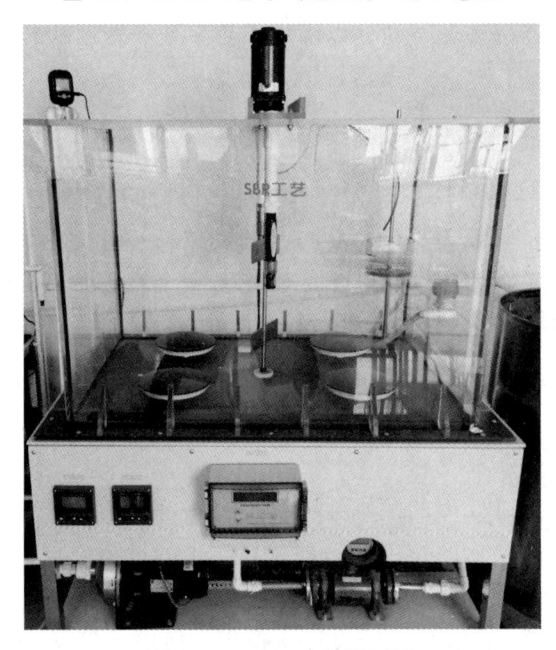

图 4.18　SBR 工艺装置图

这 5 个工序构成了一个处理污水的周期，可以根据需要调整每个工序的持续时间。进水、排水、曝气等动作均由可编程时控器设置的程序自动运行。

三、实训步骤

（1）自动控制，打开水泵将原水送入反应器，至设计水位。

（2）关闭水泵打开气阀，气泵开始曝气（根据目的不同，也可设定计算机程序在进水的同时进行曝气等操作），曝气的时间根据需要在程序控制器上设定。

（3）经过设定的曝气时间后，计算机给出指令，停止曝气，关闭气阀，使反应器内混合液静沉，静沉的时间通过程序控制器来设定。

（4）经过设定的静沉时间后，计算机指令打开阀，使排水管中充满上清液，并使滗水器上浮到液面上，然后指令关闭阀，排出上清液。

（一）使用前的检查

（1）检查关闭以下阀门：

① 进水箱的排空阀门；

② 空气泵的出气阀门；

③ 滗水器的出水电磁阀；

④ SBR 反应器的排空阀门。

（2）检查进水泵、空气泵、搅拌器、电磁阀的电源插头，是否插在相应的功能插座上。

（3）检查关闭相应的功能插座上方的开关（有色点的一端翘起为“关”状态，有色点的一端处于低位为“开”状态）。

（二）活性污泥的培养和驯化

（1）将活性污泥培养液直接倒入 SBR 反应器中，并加入 1 L 左右的活性污泥种源。

（2）将每日够用一次的活性污泥培养液倒入进水箱（1/4 箱左右，每日添加）。

（3）设置：SBR 曝气时间 23 h 20 min；静止沉淀时间 30 min；滗水时间 30 s；闲置期时间（活化搅拌时间）10 min。

（4）启动 SBR 反应器让其自动工作。

（5）当活性污泥培养到污泥体积的 20%～30%时，便可进行驯化工作。每天在培养液中加入一定量的实训废水进行驯化培养，加入量不断增加，直至活性污泥完全驯化为止。

（6）如果您采用人工配制易降解的实训水进行实训，则无须驯化过程。

（三）进行实训

（1）将实训废水或人工配制实训水倒入进水箱。

（2）设置好不同阶段的控制时间。

（3）将电源控制箱插头插上电源，开启总电源空气开关，打开各个功能开关。

（4）打开空气泵出气阀。

（5）可编程时间控制器按至自动状态，SBR 反应器进入自动工作状态。

（6）当设置的滗水时间到了以后，直接从电磁阀出水口取样，进行相关的检测项目测定，得到实训结果。

（四）实训完毕整理

（1）关闭空气泵的出气阀。
（2）关闭功能插座上的所有开关。
（3）关闭电源控制箱上的空气开关，拔下电源插头。
（4）打开进水箱、SBR 反应器的所有排空阀门排水。
（5）用自来水清洗各个容器，排空所有积水，待下次实训备用。

四、注意事项

程序控制器如长时间不用，则内部会无电，不能正常工作。此时，需按一下复位按钮，并将电源插上后，能正常使用。切换开关形式为：按下是程序控制状态，按上是计算机控制状态。

五、思考题

（1）简述 SBR 法与传统活性污泥法的区别与联系。
（2）简述 SBR 法活性污泥运行过程。
（3）简述 SBR 法在工艺上的特点。
（4）简述滗水器的作用。

实验七　二级处理——MBR 工艺实训

一、实训目的

（1）掌握膜生物反应器的基本原理、组成、构造特点及运行方式。
（2）了解膜生物反应器与传统活性污泥法的区别。
（3）掌握膜生物反应器的操作过程及实训参数控制。
（4）了解膜污染的产生与防治。

二、工作原理

MBR 工艺是将膜分离技术与生物处理技术相结合的一种全新污水处理技术，主要由配水池、生物处理装置、膜分离组件及污泥浓缩等组成。污水中的绝大部分有机物被微生物所分解，膜分离组件将混合液中直径大于膜孔径的微粒和微生物截留下来，从而得到清澈的处理水。

三、实训装置

该设备本体是一 MBR 膜生物反应器，主要运用 MBR 工艺对市政污水进行生物与膜分离的综合处理实验，去除并降解市政污水中的有机污染物（图 4.19、图 4.20）。

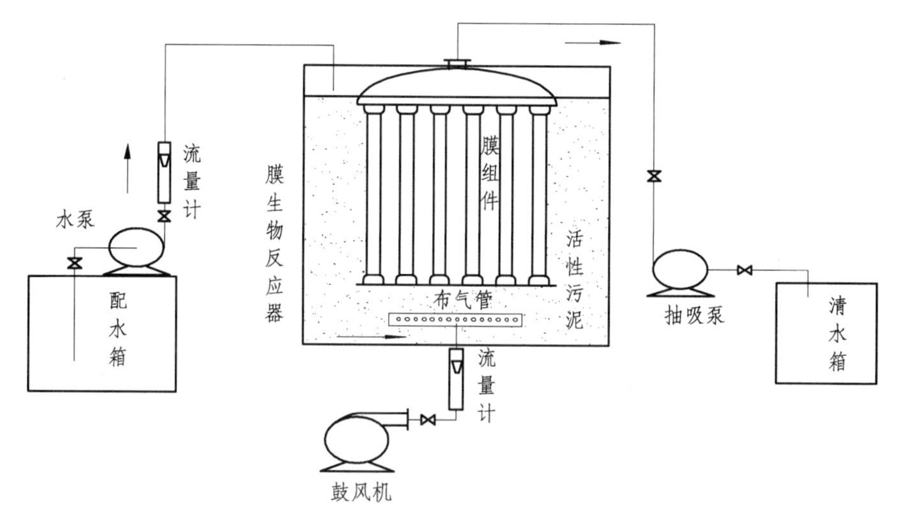

图 4.19　MBR 工艺示意图

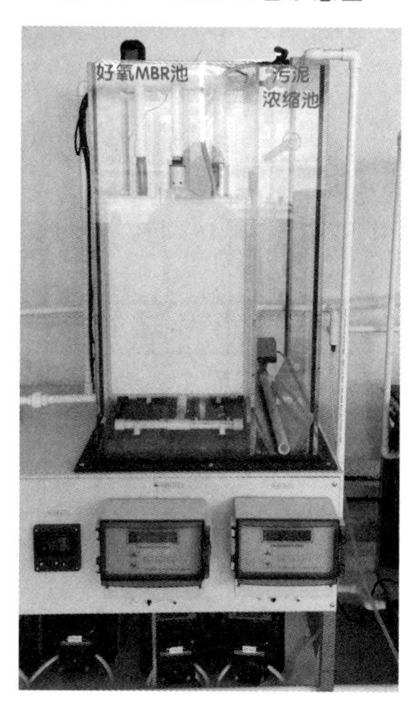

图 4.20　MBR 工艺装置图

四、实训步骤

生物接种、驯化：在实训前期，取城市污水处理厂的生活污泥进行接种，通过连续曝气、间隙进水的方式进行污泥的驯化与挂膜。一般污泥的接种与驯化需要 15 ~ 60 d

时间。

（1）将活性污泥装入 MBR 池中，体积在有效容积的 1/4 ~ 1/5，其余体积为自来水。

（2）在配水箱配低 COD 浓度的实训用水或稀释的生活污水。

（3）测定原水的 COD 浓度、MBR 池中的 COD 浓度、MLSS 值等。

（4）准备好后，先打开进水泵，调节进水流量计，调节进水流量至 15 L/h 左右。

（5）打开厌氧搅拌电机，并对污水进行慢速搅拌，使其厌氧污泥保持不沉淀。

（6）打开曝气泵，并调节气量至 1.5 m^3/h 左右，使水中溶解氧浓度在 4 ~ 6 mg/L。

（7）打开蠕动泵，并调节出水流量至 15 L/h 左右。进行间歇抽吸出水，此时需调节间歇出水控制器，使其抽 5 min 停 10 s。

（8）为保持水中污泥浓度，此时需将部分高浓度混合液进行污泥浓缩，并打开清水回流泵，调节回流流量计。上清液回流至好氧区（回流流量因水质自行调整）。

（9）设备运行稳定后定期测定出水的 COD 浓度、MLSS 值等，并记录实训数据。

（10）测定清水中膜的透水量：用容积法测定不同时间膜的透水量。

（11）活性污泥的培养与驯化，污泥达到一定浓度后即可开始实训。

（12）根据一定的气水比、循环水流量和污泥负荷运行条件，测定一体式膜生物反应器在不同时间膜的透水量及 COD 和 MLSS 值。

（13）改变循环水流量当运行稳定后，测定分置式膜生物反应器膜的透水量、COD 和 MLSS 值。

（14）改变气水比当运行稳定后，测定一体式膜生物反应器膜的透水量、COD 和 MLSS 值。

根据表 4.8 中的实训数据绘制透水量与时间的关系曲线及 COD 去除率与时间的关系曲线。

表 4.8　MBR 实训数据

时间 /min	进水 COD /$mg\cdot L^{-1}$	一体式 MBR		分置式 MBR	
		透水量 /$mg\cdot L^{-1}$	出水 COD /$mg\cdot L^{-1}$	透水量 /$mg\cdot L^{-1}$	出水 COD /$mg\cdot L^{-1}$
备注		气水比： MLSS =　　g/L DO =　　mg/L		循环流量比： MLSS =　　g/L DO =　　mg/L	

（15）实训完毕后，关闭所有电源，并将污水排空。

五、注意事项

（1）程序控制器如长时间不用，则内部会无电，不能正常工作。此时，需按一下复位按钮，并将电源插上后，能正常使用。

（2）间歇出水控制器进行设定时，须关闭电源，再设定时间，最后再打开电源。这样才会记住设定的时间，否则会按原来设定的时间进行。

（3）做实训时，须先将生物膜片浸没，不能使膜接触空气，否则不能正常抽水。

（4）膜片需保持湿润，不能使其干燥。

（5）进行膜抽吸水时，须先将恒流泵正转，对膜片进水，使其管道及膜片内充满水，没有空气时再反转进行抽水。

六、思考题

（1）分置式 MBR 与一体式 MBR 在结构上有何区别？各自有何优缺点？

（2）影响分置式 MBR 透水量的主要因素有哪些？

（3）影响一体式 MBR 透水量的主要因素有哪些？

（4）膜受到污染透水量下降后如何恢复其透水量？

实验八　二级处理——传统活性污泥法工艺实训

一、实训目的

活性污泥法是应用最广泛的一种好氧生物处理方法，许多新型的污水处理工艺是在传统活性污泥法的基础上开发出来的。过去都是根据经验数据进行设计和运行，近年来对活性污泥动力学方面做了许多研究，为了了解活性污泥法污水处理工艺中常用的单元操作技术，掌握由这些单元操作组成的处理流程，观察污水、污泥和空气在处理过程中的举动，特制作小型的教学实训装置。

通过本装置对有机污泥降解和微生物增长规律的研究，希望达到以下目的：

（1）了解活性污泥法曝气池的构造和主要工艺参数。

（2）加深对活性污泥法动力学基本概念的理解。

二、工作原理

（一）基本流程

向生活污水注入空气进行曝气，并持续一段时间以后，污水中即生成絮凝体。这种菌胶团主要是由大量繁殖的微生物群体和其代谢的多糖所构成，它易于沉淀分离，并使污水澄清，这就是“活性污泥”，其主体成分是菌胶团。活性污泥法则是以活性污泥为主体的生物处理方法，它的主要构筑物是曝气池和二次沉淀池。待处理的污水与回流的活性污泥同时进入曝气池，成为混合液，沿着曝气池注入压缩空气进行曝气，使污水与活性污泥充分混合接触，并供给混合液以足够的溶解氧。在好氧状态下，污水中的有机物被活性污泥中的微生物群体分解而稳定，然后混合液流入二次沉淀池进行泥水分离。活性污泥与澄清水分离后一部分回流到曝气池，一部分作为过剩的污泥（剩余污泥）随着污泥管道排出，澄清水则溢流排放（图 4.21）。

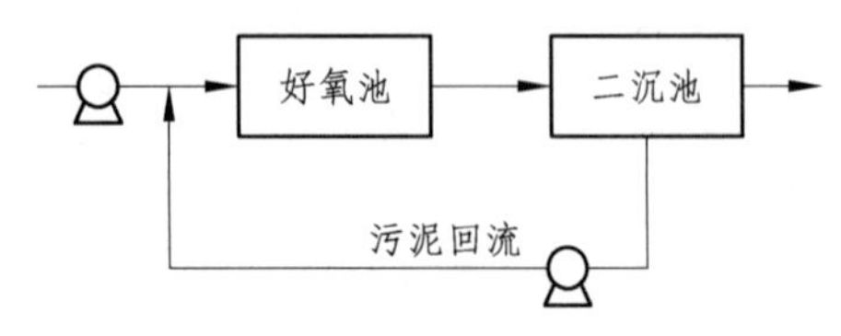

图 4.21　活性污泥法流程图

活性污泥法的实质是以存在于污水中的有机物作为培养基（底物），在有氧的条件下，对各种微生物群体进行混合连续培养，通过凝聚、吸附、氧化分解、沉淀等过程去除有机物的一种方法。

（二）活性污泥的组成

在活性污泥法中起主要作用的是活性污泥。活性污泥是由具有活性的微生物、微生物自身氧化的残留物、吸附在活性污泥上不能为生物所降解的有机物和无机物组成。其中微生物是活性污泥的主要组成部分。

活性污泥微生物是由细菌、真菌、原生动物、后生动物等多种微生物群体相结合所组成的一个生态系统。细菌是活性污泥在组成和净化功能上的中心，是微生物的最主要成分。污水中有机物的性质决定哪些种属的细菌占优势，含蛋白质的污水有利于产碱杆菌属和芽孢杆菌属，而糖类污水或烃类污水则有利于假单胞菌素。在一定的能量水平（即细菌的活动能力）下，大部分细菌构成了活性污泥的絮凝体，并形成菌胶团，具有良好的自身凝聚和沉淀性能。在活性污泥法处理过程中，净化污水的第一和主要承担者是细菌，其次出现原生动物，是细菌的首次捕食者；继之出现后生动物，是细菌的第二次捕食者。

（三）净化过程与机理

活性污泥微生物能够连续从污水中去除有机物，是由以下几个过程完成的。

1. 初期吸附作用

在很多活性污泥系统里，当污水与活性污泥接触后很短的时间（3 ~ 5 min）内就出现了很高的有机物（BOD）去除率。这种初期高速去除现象是吸附作用所引起的。在初期，被单位污泥去除的有机物数量是有一定限制的，它取决于污水的类型以及与污水接触时的污泥性能。例如，污水中呈悬浮的和胶体的有机物多，则初期去除率大；

反之如溶解性有机物多，则初期去除率就小。

2. **微生物的代谢作用**

活性污泥以污水中各种有机物作为营养，在有氧的条件下，将其中一部分有机物合成新的细胞物质（原生质）；对另一部分有机物则进行分解代谢，即氧化分解以获得合成新细胞所需要的能量，并最终形成 CO_2 和 H_2O 等稳定物质。当氧供应充足时，活性污泥的增长与有机物的去除是并行的；污泥增长的旺盛时期，也就是有机物去除的快速时期。

3. **絮凝体的形成与凝聚沉淀**

污水中有机物通过生物降解，一部分氧化分解形成二氧化碳和水，一部分合成细胞物质成为菌体。如果形成菌体的有机物不从污水中分离出去，这样的净化不能算结束。为了使菌体从水中分离出来，现多使用重力沉淀法。如果每个菌体都处于松散状态，由于其大小与胶体颗粒大体相同，那么将保持稳定悬浮状态，沉淀分离是不可能的。为此，必须使菌体凝聚成为易于沉淀的絮凝体。

三、实训装置

活性污泥法主要构筑物是曝气池和二次沉淀池。实训装置为连续运行，需要定时测定运行参数和处理效果。根据废水的性质和期望达到的出水水质选择考核的水质项目，一般情况下废水考核的水质项目应该有 pH、COD、BOD、SS 和色度等，应该保证模型的进水 pH 在 6.5 ~ 8.5 内。

装置技术规格要求如下：

（1）环境温度：5 ~ 40°C。

（2）处理水量：10 ~ 20 L/h。

（3）设计进、出水水质（表 4.9）：

表 4.9　进、出水水质指标

项目	进水	出水
BOD_5	100 ~ 200 mg/L	10 ~ 40 mg/L
COD	180 ~ 400 mg/L	20 ~ 50 mg/L
SS	80 ~ 160 mg/L	8 ~ 18 mg/L
pH	6 ~ 9	6 ~ 9

四、实训步骤

（一）虚拟工艺训练

通过传统活性污泥法污水处理虚拟仿真软件（图 4.22、图 4.23）开展工艺训练。目的是熟悉工艺原理、流程、控制，为后续实物装置实训的成功开展奠定良好的基础。

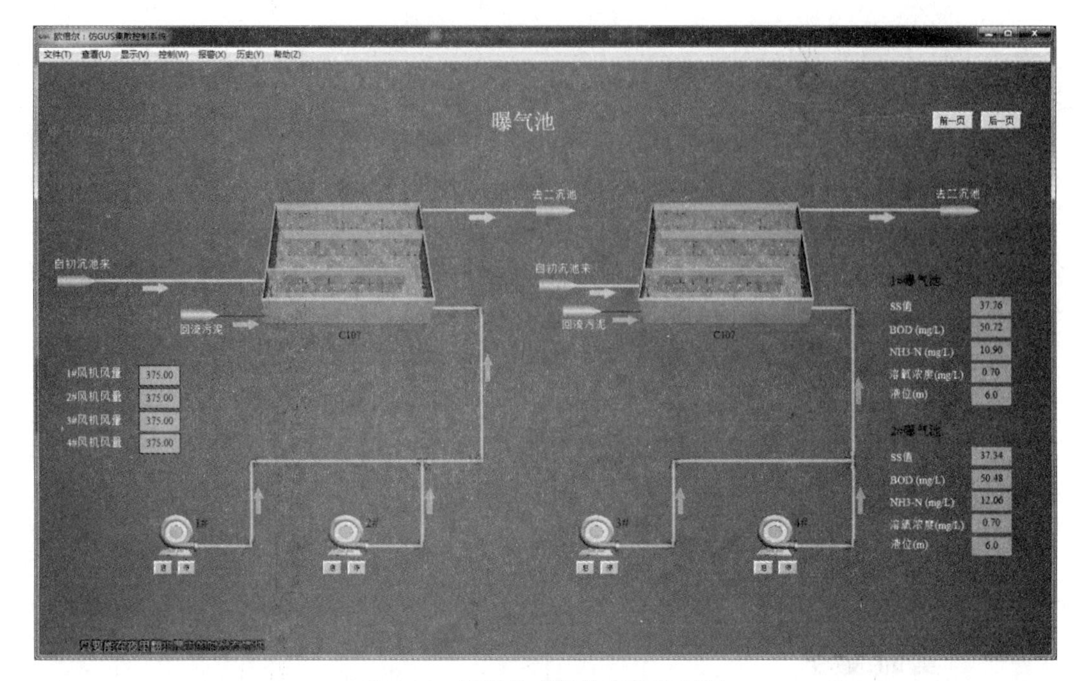

图 4.22　曝气池虚拟仿真软件界面

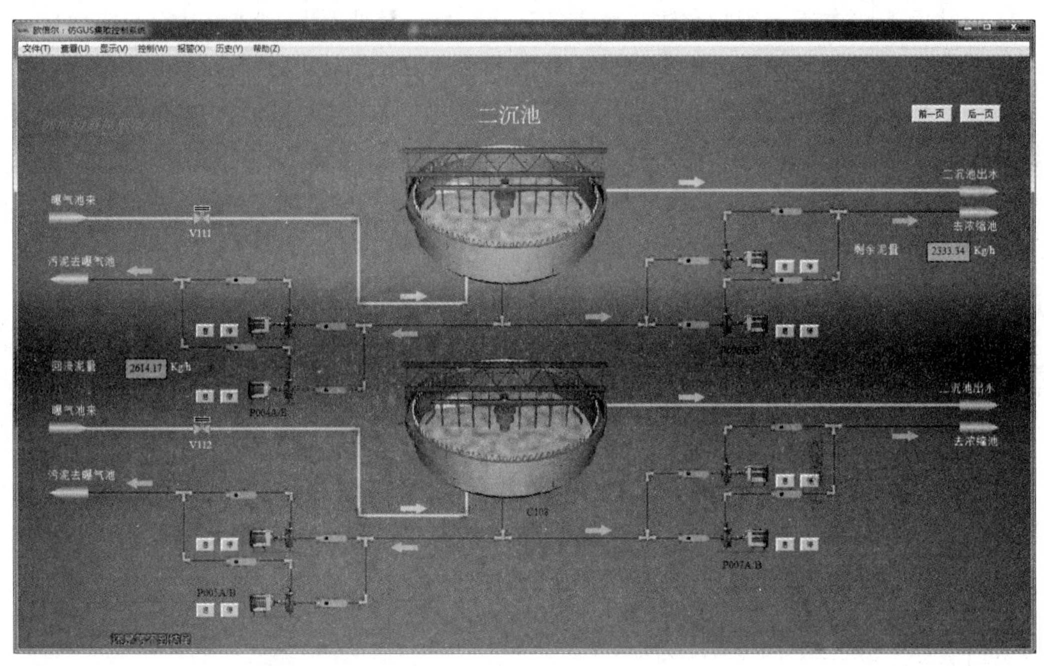

图 4.23　二沉池虚拟仿真软件界面

（1）打开曝气池各进水阀，依次打开曝气池的 4 台风机。

（2）观察曝气池液位，待液位超过 5.8 m 后，打开二沉池入口阀。

（3）待二沉池液位超过 80%后，打开排泥阀开度至 50%将剩余污泥排入浓缩池，打开污泥回流阀开度至 50%将回流污泥打回曝气池，并打开曝气池出水阀。

（4）启动回流污泥泵，启动剩余污泥泵。

（5）启动泵，打开阀，将初沉池污泥引入浓缩池。

（二）实物装置工艺训练

（1）首先检查装置的完整性。

（2）清除各装置内部的杂物。

（3）要考虑污水的来源（保证集水箱有水）。

（4）接通电源（先用自来水试漏），开动水泵，检查整套装置是否正常运转，不渗漏为止。

（5）曝气池微生物的接种：先从污水厂二沉池取来 10 ~ 20 L 活性污泥，稀释后倒入曝气池内，开动气泵，进行曝气。（最好投加些葡萄糖之类营养物），使活性污泥中的微生物繁殖得更好。1 ~ 2 星期后，用显微镜观察池内的活性污泥中的微生物生长情况，认为可以，就进行下一步工作。

（6）整套流程开通，污水量从少逐步增加，直到设计水量 20 L/h，调节污泥回流比为 50%左右。

（7）等正常运转后，采水样进行分析。

实验九　二级处理——微生物燃料电池工艺实训

一、实训目的

（1）熟悉微生物燃料电池降解水中有机物的原理。

（2）学会微生物燃料电池中电极的组装和连接。

（3）学生调整运行参数优化有机物的去除效率。

二、工作原理

微生物燃料电池（Microbial Fuel Cell，MFC）是一种以微生物作为催化剂氧化降解有机和无机底物，同时将化学能转换为电能的一种生物电化学装置。在污水处理中，MFC 能够以污水作为底物，氧化降解污水中有机物的同时实现电能的回收。MFC 可以将有机物中的化学能直接转化为清洁的电能，不需要再进行分离、提纯和转化，与传统的厌氧发酵等技术相比，具有环保、操作简易和经济等优点，是一种最具有发展前景的污水处理与能量回收技术之一。

MFC 的基本工作原理是：在阳极室厌氧环境下，有机物在微生物作用下分解并释放出电子和质子，电子依靠合适的传递介体在生物组分和阳极之间进行有效传递，并通过外电路传递到阴极形成电流，而质子通过质子交换膜传递到阴极，氧化剂（一般为氧气）在阴极得到电子被还原与质子结合成水。

根据电子传递方式的不同，微生物燃料电池可分为直接的和间接的微生物燃料电池。所谓直接的微生物燃料电池是指燃料在电极上氧化的同时，电子直接从燃料分子转移到电极，再由生物催化剂直接催化电极表面的反应，这种反应在化学中称为氧化还原反应；如果燃料是在电解液中或其他处反应，电子通过氧化还原介体传递到电极上的电池就称为间接微生物燃料电池。根据电池中是否需要添加电子传递介体又可分为有介体和无介体微生物燃料电池。

三、实训装置

实训试剂和材料：碳颗粒、葡萄糖、氯化铵、磷酸盐缓冲溶液、导线若干、碳布电极、碳棒、活性污泥、万用表、电阻箱、空气泵等。

实训装置如图 4.24、图 4.25 所示。

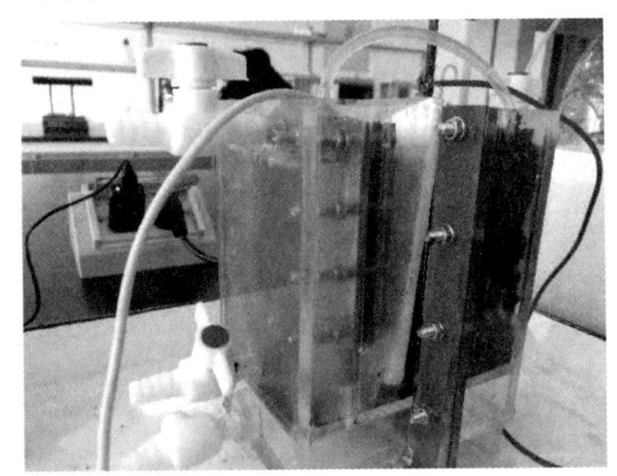

图 4.24　MFC 装置图

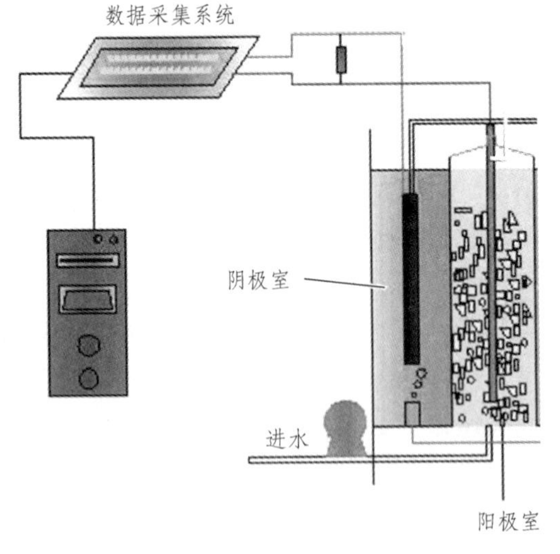

图 4.25　MFC 运行示意图

四、实训步骤

（1）用葡萄糖、氯化铵、磷酸盐缓冲溶液配制模拟的城镇污水，COD 值大概在 500 mg/L，其中 C、N、P 之比大概为 100∶5∶1。

（2）将活性污泥接种在碳颗粒上：将具有电化学活性的微生物菌体和碳颗粒浸泡在模拟的城镇污水中，每日添加少量的城镇污水作为微生物生长的营养液，对微生物进行驯化；用万用表的两极分别连接参比电极和碳颗粒，待测得的电位高于 300 mV 时，接种成功。

（3）将接种成功的碳颗粒和碳布（作为阴极）安装在图 4.24 所示的微生物燃料电池装置中，待运行稳定后，进行测试。

（4）调整电压挡，将电阻的两端——阴极和阳极断开 2 h 后，连接万用表（调至电压挡），测量开路电压；后继续连接电阻箱，通过变环电阻箱中电阻的值（不少于 20 个）读取对应的电压值，得到一组关于电阻和电压的数值。

（5）以测量得到的电压值为纵坐标，电流值为横坐标作图；取中间数据计算斜率，即可得出 MFC 的内阻值。

（6）将电流值和对应的功率密度（UI/V）做曲线；取曲线的最高点，即可得到最大产能功率密度。

五、思考题

得到的产能最大值对应的外电阻值，比较其跟 MFC 的内阻值大小。

第三节　水处理工艺设计

水处理工艺设计是环境科学与工程类专业教学中的一个重要的实践性教学环节。通过工程的设计与运行：① 让学生综合运用所学理论知识并深化理解。② 让学生学会调查研究、收集设计资料，根据工程要求和设计规范选择、制定设计方案，完成水处理厂设计任务。③ 培养学生独立分析和解决一般工程实际问题的能力，使学生得到工程师的基本训练。④ 使学生掌握水处理厂（站）的设计计算要点，初步具有水处理厂（站）的设计能力。⑤ 使学生加深各个工艺（工段）的主要监测指标和运行经验参数的记忆。⑥ 通过工程设计与运行，使学生掌握针对不同的原水特点，结合各工段特点，设计合适的处理工艺，达到水处理的达标排放。

本节是在第二节装置的基础上开展水处理工艺的工程设计、运行及计算。本节主要引导学生根据四种不同的废水特点开展实训，分别为：城镇污水、农村污水、啤酒废水和电镀废水。最后，引导学生利用新型的资源化的 MBR/MFC 一体化工艺开展实训。

实验一　城镇污水处理工艺设计

一、城镇污水的特点

城镇污水（Municipal Wastewater）指城镇居民生活污水，机关、学校、医院、商业服务机构及各种公共设施排水，以及允许排入城镇污水收集系统的工业废水和初期雨水等。城镇污水的特点有：

（1）跟工业废水相比，城镇污水的组成比较稳定，其中有机物一般为可生物降解有机物，生化性较好，COD 值一般在 400～800 mg/L；C、N、P 的比例较为稳定，一般为 100∶5∶1。

（2）随雨季和用水量时段变化系数较大。

（3）经城市排水管网流入城镇污水处理厂统一处理。

针对城镇污水的处理，我国在 2002 年制定了相应的排放标准（GB 18918—2002），并于 2006 年进行了修订，将其中的 4.1.2.2 修改为：城镇污水处理厂出水排入国家和省确定的重点流域及湖泊、水库等封闭、半封闭水域时，执行一级标准的 A 标准，排入 GB 3838 地表水Ⅲ类功能水域（划定的饮用水源保护区和游泳区除外）、GB 3097 海水二类功能水域时，执行一级标准的 B 标准。

根据各地方或企业设定的排放标准，针对城镇污水的处理，有多种处理工艺可供选择。

二、常用的工艺组合形式

组合形式 1：

进水→格栅→沉砂池→混凝沉淀池→调节池→活性污泥法→紫外/加氯消毒→外排；

组合形式 2：

进水→格栅→沉砂池→混凝沉淀池→调节池→A^2/O 工艺→紫外/加氯消毒→外排；

组合形式 3：

进水→格栅→沉砂池→混凝沉淀池→调节池→MBR 工艺→紫外/加氯消毒→外排；

组合形式 4：

进水→格栅→沉砂池→混凝沉淀池→调节池→SBR 工艺→紫外/加氯消毒→外排。

其中：

（1）格栅一般情况下分为两步：粗格栅和细格栅；但针对悬浮物浓度较高的废水，可增设超细格栅。

（2）若水中油类物质较多，可将混凝沉淀池换成气浮沉淀池，通过气浮法可有效去除水中的油类物质。

（3）调节池的作用是调节水的酸碱度，以防对后续的生物处理产生影响。

（4）活性污泥法由好氧池+二沉池组成，二沉池的作用是进行泥水分离；二沉池的污泥大部分返回到好氧池，小部分作为剩余污泥的形式排放。

（5）针对需要达到的 N 排放标准，可以通过调整 A^2/O 工艺的回流比，厌氧池、缺氧池的水力停留时间（HRT）等方式，或者对 A^2/O 工艺进行改良，或者对活性污泥法进行改良，达到所需的排放标准。

三、生物处理段的改良工艺

针对城镇污水的处理，大部分的有机物是在生物处理段被去除的，因此，生物处理过程是城镇污水处理的核心环节。在生物处理中，除了上述组合工艺中提到的活性污泥法、A^2/O 工艺、MBR 工艺、SBR 工艺外，还可以对其中的活性污泥法和 A^2/O 工艺进行改良，以提高 N/P 的处理效率。改良的工艺如下：

1. 改良的 A^2/O 工艺（图 4.26）

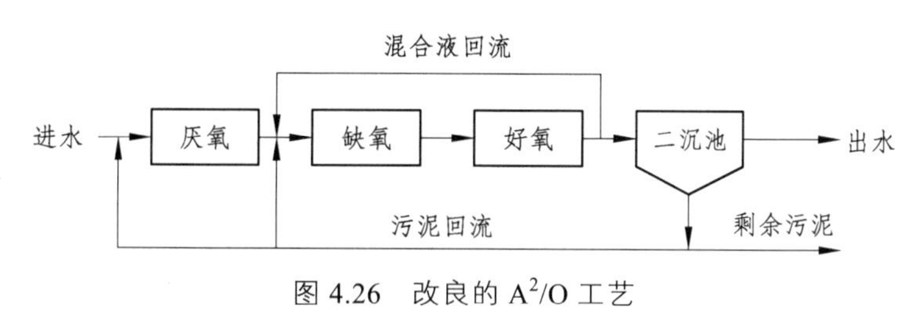

图 4.26　改良的 A^2/O 工艺

2. UCT 工艺（图 4.27）

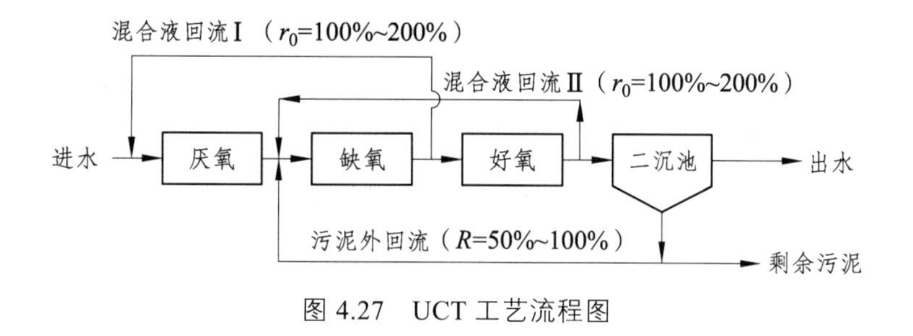

图 4.27　UCT 工艺流程图

3. MUCT 工艺（图 4.28）

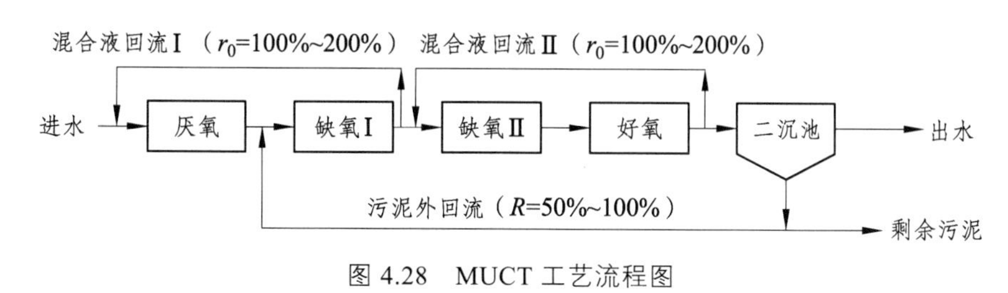

图 4.28　MUCT 工艺流程图

4. A/O 工艺实训（图 4.29）

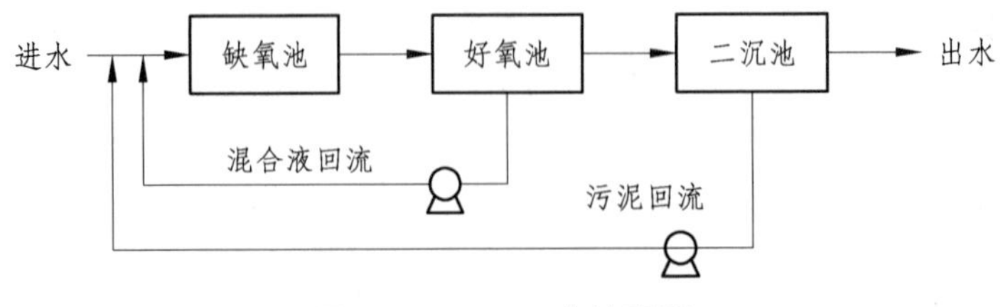

图 4.29　A/O 工艺流程图

四、工艺设计

实训中，可自行选择或设计一套水处理工艺开展实训，并设定组合工艺中各个装置的运行参数。待运行稳定后，测定出水的 COD、BOD、氨氮、总 P 等指标，考察并评判该工艺的运行效果。如没有达到排放标准，对工艺进行改良分析，并提出合理化的建议。

注：水泵和阀的编号说明在流程画面上的右上角有提示，电机进入即可。设备所有的排泥阀都需要定时排泥。

五、结果与讨论

对比不同组合工艺的处理效果，分析原因。

实验二　污水处理工艺设计

一、农村污水的特点

当下，我国城市污水的处理率在 50%左右，其中以大中型城市为主。而据统计显示，县城的处理率仅在 10%左右，到乡镇则不超过 1%。有相当一大部分农村生活污水未经处理直接排放到地表环境中，随着我国农村生活水平的提高和农业机械化种植的不断推广，农村污水的排放量也与日俱增，如果没有有效的措施处理农村污水，大部分的污水随意排放到地表水及周围环境中，这将对地表水环境造成严重污染。随着污染物的日渐积累，将严重影响当地居民的身心健康。

虽然我国目前高度重视“三农”问题，但由于农村经济水平有限，污水处理的基础设施建设落后，没有统一的污水排放管网，使得农村生活污水的治理存在一定的难度。相较于城镇污水而言，农村污水有以下特点：

1. 规模小且排放分散

现阶段，随着城镇化的发展，我国农村的常住人口量普遍偏少，居住密度小，而且有些户与户之间居住较为分散，村与村间距也相对较远。因此，在没有统一的废水管网的情况下，相对于城镇污水的处理，农村污水的处理过程较为复杂。

2. 区域差异大

我国幅员辽阔，南北方的农村生活环境差异大，除了地质特点外，南方和北方的农村地区气候随着不同的季节差异大。在北方，冬天室外温度有的地方甚至可达到 −20 °C，因此，随着气候的变化，污水处理设施的运行效果会受很大影响（现阶段主要以生物处理为主）。而在南方，一年四季气候都在 5 °C 以上，因此，相应的水处理设施的运行效果不会受到太大影响。我国东部地区水量充足，而西部地区水量匮乏。因此，在针对东部地区的农村污水的处理，如何实现达标排放将是主流目标。针对西部地区的农村污水处理，由于水量相对匮乏，如何将处理后的水实现回用，如冲刷地面、洗涤衣物等，是最经济的目标。

3. 受当地经济条件的影响较大

农村经济水平普遍较低，因此，在构建污水处理工艺时，要结合当地的经济水平和居民生活条件综合考虑。

4. 水量水质变化大

农村生活的居民生活节奏较为单一，每天的不同时段，水质水量变化较大，且比较集中，特别是早、中、晚集中做饭时间，污水量达到高峰，是平时污水量的 2 ~ 3 倍。此外，由于农村没有统一的雨水收集管路，因此，在雨季、暴雨等天气时排放的水量会急剧增加。

二、常见的工艺组合

目前的污水处理系统主要根据最终达到的要求，采用一种或几种处理技术或工艺联合处理污水。农村地区污水主要含有各种有机污染物以及病原菌等污染物，再生水主要用于各类作物的灌溉、冲洗地面、衣物洗涤等。根据现阶段农村污水处理系统的特点，可将其分为集中式处理和分散式处理两类。

1. 集中式处理

集中式处理主要是建立集中的管网收集体系和小型化的污水处理站，以及人工湿地系统或土地处理系统等，并在此基础上通过一系列的物理、化学以及生物措施进行深度处理，达到中水回用的目的。集中式处理的特征是：统一收集、统一处理、统一排放，与城镇污水的处理方法类似，不同的在于污水处理站的规模较小，并且在农村污水的处理后期需考虑人工湿地、氧化塘等工艺，最终实现污水回用。

2. 分散式处理

分散式污水处理是一种新型的、经济环保的污水处理系统。分散处理系统是一个高度浓缩的微型化污水处理厂。它采用各种物理、化学或生物措施组合工艺，将污水处理的各个单元浓缩在小范围内进行。对于居住比较分散的乡镇、农村以及偏远地区，由于受到地理条件和经济因素的制约，建立集中式污水处理的成本投入很大，此时应选取分散式的污水处理系统，采取就地处理的方式，将生活污水于排放口直接处理。

对于水量小的农村污水，分散式污水处理系统常常由三个阶段组成，分别是：预处理系统、人工处理系统和自然处理系统三个阶段。

（1）预处理系统：化粪池、Imhoff 池和初沉池。

（2）人工处理系统：活性污泥法、氧化沟、SBR 反应池、生物膜法和曝气生物滤池等传统的生物处理工艺，以及膜生物反应器等新型的生物处理工艺。

（3）自然系统：水体系统和土壤系统两种。其中，水体系统主要是稳定塘（好氧塘）等；土壤系统有人工湿地、慢速砂滤和地面漫流等。

三、工艺设计

实训中，可自行选择或设计一套水处理工艺开展实训，并设定组合工艺中各个装置的运行参数。待运行稳定后，测定出水的 COD、BOD、氨氮、总 P 等指标，考察并评判该工艺的运行效果。如没有达到排放标准，对工艺进行改良分析，并提出合理化的建议。

四、思考题

（1）通过实训结果分析工艺能否实现农村废水的达标处理。

（2）提出合理化的改进或优化方案。

实验三　啤酒废水处理工艺设计

一、啤酒废水的特点

啤酒是以麦芽、水为主要原料，加啤酒花（包括酒花制品），经酵母发酵酿制而成的、含有二氧化碳的、起泡的、低酒精度的发酵酒。啤酒生产工艺流程一般认为可以分为制麦、糖化、发酵、灌装四个工序。① 制麦的主要过程为：大麦进入浸麦槽洗麦、吸水后，进入发芽箱发芽，成为绿麦芽。绿麦芽进入干燥塔/炉烘干，经除根机去根，制成成品麦芽。② 糖化的主要过程为：麦芽、大米等原料由投料口或立仓经斗式提升机、螺旋输送机等输送到糖化楼顶部，经过去石、除铁、定量、粉碎后，进入糊化锅、糖化锅糖化分解成醪液，经过滤槽/压滤机过滤，然后加入酒花煮沸，去热凝固物，冷却分离。③ 发酵的主要过程为：在冷却的麦汁中加入啤酒酵母使其发酵。麦汁中的糖分分解为酒精和二氧化碳，大约一星期后，即可生成“嫩啤酒”，然后再经过几十天使其成熟。将成熟的啤酒过滤后，即得到琥珀色的生啤酒。④ 灌装的主要过程为：洗净回收的啤酒瓶，酿造好的啤酒先被装到啤酒瓶或啤酒罐里。然后经过目测和液体检验机等严格的检查后，再被装到啤酒箱里出厂。

啤酒废水按水质特点可以分为以下几类：① 工艺设备冷却循环水，这类工业用水大都循环使用，水质良好而且很少外排。② 啤酒生产工艺中的各种清洗废水如浸麦废水、冲洗装置废水、消毒废水、洗瓶初洗废水、厂房卫生冲洗废水等，这类清洗废水都含有不同浓度的有机物。③ 洗糟废水，这类废水中含有麦糟、废酒花、废酵母和滤酒硅藻土等，因此这类废水中悬浮物浓度和有机物浓度都很高。④ 灌装溢出废水，这类废水中掺入大量残酒。⑤ 洗瓶废水，这类废水中含有残余碱性洗涤剂、纸浆、染料、糨糊、残酒和泥沙等，所以可以考虑将洗瓶废水的排出液经处理后储存起来，用来调节废水的 pH 值，这可以节省污水处理的药剂用量。

以某啤酒厂为例，其生产废水的水质、水量见表 4.10。

表 4.10　某啤酒厂生产废水的水质水量

废水种类	水量 $/m^3 \cdot t^{-1}$	pH 值	COD $/mg \cdot L^{-1}$	BOD_5 $/mg \cdot L^{-1}$	BOD_5 /COD	SS $/mg \cdot L^{-1}$
浸麦废水	3.65	6.5 ~ 7.5	500 ~ 700	220 ~ 300	0.45	300 ~ 500
糖化发酵废水	4.38	5.0 ~ 7.0	3000 ~ 6000	2000 ~ 4500	0.75	800 ~ 3300
灌装废水	5.84	6.0 ~ 9.0	100 ~ 600	70 ~ 450	0.75	100 ~ 200
其他废水	0.73	6.0 ~ 7.0	200 ~ 600	—	—	—
全厂混合水	14.6	6.5 ~ 8.0	800 ~ 2000	600 ~ 1500	0.74	350 ~ 1200

由表 4.10 可知，其中废水中含有较高浓度的有机物，主要污染物在糖化发酵废水中，这种废水水量大，有机物浓度和悬浮物浓度都很高，是啤酒生产废水治理的主要目标。同时，发酵废液中含大量的酒糟，如果能有效回收酒糟，用作有机饲料再利用，将会在节约废水处理成本的同时，提高经济效益。

整理一些啤酒厂排放的混合废水水质，其特点如表 4.11 所示。由表 4.11 可知，不同的啤酒厂在相同的产量下，排放的废水量大部分在 10 ~ 20 m^3/t，其中 pH 以中性为主，有机物浓度很高，BOD_5/COD 值在 0.35 ~ 0.74，可生化性较好。

表 4.11　部分啤酒厂生产废水水质

废水来源	水量 $/m^3 \cdot t^{-1}$	pH 值	COD $/mg \cdot L^{-1}$	BOD_5 $/mg \cdot L^{-1}$	BOD_5 /COD	SS $/mg \cdot L^{-1}$
杭州中策啤酒厂	12.2	4.0 ~ 6.0	1500	900 ~ 1100	0.65	200 ~ 460
徐州汇福	20	6.84 ~ 9.72	782 ~ 3160	437 ~ 1930	0.50	218 ~ 2740
山东博兴县啤酒厂	14.6 ~ 18.25	5.6 ~ 8.2	1000 ~ 1800	450 ~ 600	0.40	400 ~ 600
江苏某啤酒厂	10	5 ~ 13	1800 ~ 2200	900 ~ 1300	0.55	400 ~ 800
扬州啤酒厂	14.6	6.0 ~ 8.0	800 ~ 2000	600 ~ 1500	0.74	350 ~ 1200
三孔啤酒公司	11.8	5.0 ~ 8.0	2320 ~ 3300	800 ~ 1640	0.40	634 ~ 10 760
河南信阳啤酒厂	16.5	5 ~ 11	1000 ~ 1800	300 ~ 1000	0.55	500 ~ 1000

续表

废水来源	水量 /$m^3 \cdot t^{-1}$	pH 值	COD /$mg \cdot L^{-1}$	BOD_5 /$mg \cdot L^{-1}$	BOD_5 /COD	SS /$mg \cdot L^{-1}$
某县啤酒厂	约 30	6.0 ~ 8.0	800 ~ 1000	400 ~ 500	0.50	300
安徽某啤酒有限公司	10.2	5 ~ 12	600 ~ 1200	170 ~ 400	0.35	150 ~ 500
山东某啤酒有限公司	3500 m^3/d	6 ~ 9	2000	1000	0.53	800

由于啤酒厂家的生产工艺、设备和规模的差异，啤酒废水的水质及其变化范围有一定的差别，一般认为：啤酒废水的 pH 值为 5.5 ~ 7.0，水温为 20 ~ 25 °C，COD 浓度为 1000 ~ 2500 mg/L，BOD_5 浓度为 600 ~ 1400 mg/L，MLSS 浓度为 200 ~ 600 mg/L，TN 浓度为 30 ~ 70 mg/L，属中等浓度的有机废水，BOD/COD 在 0.5 ~ 0.7，所以啤酒废水的可生化性良好。

现在，国内外大都是采用物化-生化相结合处理，既可保证出水的稳定，也可以预防二次污染的产生。

二、常规的组合工艺形式

一般来说，针对啤酒废水的处理，采用一级预处理→二级生物处理→紫外/消毒等的处理工艺。相对于一般城镇污水，其有机物浓度很高，所以，在生物处理段可采用水解酸化+生物处理的组合形式。

（1）水解酸化+生物接触氧化+气浮（沉淀）工艺。

（2）水解酸化+活性污泥法工艺。

（3）厌氧法+活性污泥法/MBR/SBR 工艺。

三、工艺设计

组合一套可以高效降解啤酒废水的水处理组合工艺，并调整运行参数，待运行稳定后，测试出水的指标，是否符合水处理的排放标准。

要求：

（1）绘制简单的工艺流程图。

（2）对工艺稳定运行时的参数进行记录。

（3）监测并分析各个工艺对水中有机物，氨氮、总 P 等的去除贡献。

四、思考题

（1）通过实训结果分析工艺能否实现啤酒废水的达标处理。

（2）提出合理化的改进或优化方案。

实验四　电镀废水处理的工艺设计

一、电镀废水的特点

电镀是利用电化学的方法对金属或非金属表面进行装饰、防护及获得某些新的性质的一种工艺过程。为保证电镀产品的质量，使金属镀层具有平整光滑的良好外观并与基体牢固结合，必须在镀前把镀件表面的污物（油、锈、氧化皮等）彻底清洗干净，并在镀后把镀件表面的附着液清洗干净。因此，一般电镀生产过程中必然排放出大量的废水。

电镀废水的来源一般有：① 镀件清洗水；② 废电镀液；③ 设备冷却水；④ 其他废水，包括冲刷、车间地面、通风设备冷凝水等。电镀废水的水质、水量与电镀生产的工艺条件、生产负荷、操作管理与用水方式等因素有关。电镀废水的水质复杂，成分不易控制，其中含有铬、镉、镍、铜、锌等众多重金属以及氰化物等，有些属于致癌、致畸、致突变（"三致"）的剧毒物质。但是，废水中，很多成分又是宝贵的工业原料。因此，在电镀废水的处理过程中，如何对其中的重金属类物质实现高效的提纯回收是当下电镀废水处理面临的难题。

电镀废水种类、来源和污染物水平随着工艺条件、生产负荷、操作管理与用水方式等因素的不同差别很大（表 4.12）。

表 4.12　不同电镀废水的种类、来源和污染物水平

废水种类	废水来源	废水中主要污染物水平
含氰废水	镀锌、铜、镉、金、银、合金等氰化镀槽	氰的配合金属离子、游离氰、氢氧化钠、碳酸盐等盐类，以及部分添加剂、光亮剂等；一般废水中氰浓度在 50 mg/L 以下，pH 为 8～11
含铬废水	镀铬、钝化、化学镀铬、阳极化处理等	六价铬、三价铬、铜、铁等金属离子和硫酸等；钝化、阳极化处理等废水含有被钝化的金属离子和盐酸、硝酸以及部分添加剂、光亮剂等；一般废水中含六价铬的浓度在 200 mg/L 以下，pH 为 4～6
含镍废水	镀镍	硫酸镍、氯化镍、硼酸、硫酸钠等盐类，以及部分添加剂、光亮剂等；一般废水中含镍浓度在 100 mg/L 以下，pH 约为 6
含铜废水	酸性镀铜	硫酸铜、硫酸和部分光亮剂；一般废水含铜浓度在 100 mg/L 以下，pH 为 2～3
	焦磷酸镀铜	焦磷酸铜、焦磷酸钾、柠檬酸钾等，以及部分添加剂、光亮剂等；一般废水含铜浓度在 50 mg/L 以下，pH 约为 7

续表

废水种类	废水来源	废水中主要污染物水平
含锌废水	碱性镀锌	氧化锌、氢氧化钠和部分添加剂、光亮剂；一般含锌浓度在 50 mg/L，pH 在 9 以上
	钾盐镀锌	氯化锌、氯化钾、硼酸和部分光亮剂等；一般含锌浓度在 100 mg/L 以下，pH 为 6 左右
	硫酸锌镀锌	硫酸锌、硫脲等；一般含锌浓度在 100 mg/L 以下，pH 在 6～8
	铵盐镀锌	氯化锌、氧化剂、锌的配合物等；一般含锌浓度在 100 mg/L 以下，pH 在 6～9
磷化废水	磷化处理	磷酸盐、硝酸盐、亚硝酸钠、锌盐等；一般含磷浓度在 100 mg/L，pH 约为 7
酸、碱废水	镀前处理中的去油、腐蚀和浸酸、出光等中间工艺以及冲洗地面等的废水	硫酸、盐酸、硝酸等各种酸类和氢氧化钠、碳酸钠等各种碱类，以及各种盐类、表面活性剂、洗涤剂等，同时还含有铁、铜、铝等金属离子及油类、氧化铁皮、砂土等杂质；一般酸碱废水混合后偏酸性
电镀混合废水	除含氰废水系统外，将电镀车间排出废水混在一起的废水	其成分根据电镀混合废水所包括的镀种而定

二、常规的工艺组合形式

针对不同生产工艺的电镀废水，其污染特点不同。根据常见的电镀废水，其处理工艺的组合形式如下：

1. 含铬废水

含铬废水→搅拌（加硫酸）→沉淀（取上清液测 Cr^{3+}）→搅拌（加粉煤灰）→沉淀（取上清液测 Cr^{6+}）→出水。

2. 含氰废水

含氰废水→搅拌（加碱、漂白粉）→沉淀（取上清液测 CN^{-}）→搅拌（加漂白粉、含硫酸废水）→沉淀→出水。

3. 镀锌废水

混合废水→调节池（鼓风曝气）→水力循环沉淀澄清池（加液碱、混凝剂）→pH 缓冲池→滤池→出水。

三、工艺设计

组合一套可以高效降解染整废水的水处理组合工艺，并调整运行参数，待运行稳定后，测试出水的指标，是否符合水处理的排放标准。

要求：

（1）绘制简单的工艺流程图。

（2）对各工艺稳定运行时的参数进行记录。

（3）监测并分析各个工艺对水中有机物，氨氮、总 P 等的去除贡献。

四、思考题

（1）通过实训结果分析工艺能否实现染整废水的达标处理。

（2）提出合理化的改进或优化方案。

实验五　MBR/MFC 水处理工艺组合设计

一、工艺特点

膜污染问题是限制膜生物反应器（Membrane Bioreactor，MBR）广泛应用的主要瓶颈，其可导致膜通量下降，增加膜的清洗或更换频率并提高系统曝气能耗。为减缓膜污染，一些研究者试图将 MBR 与其他工艺相耦合，常用的耦合方法有：MBR-超声组合工艺，SBR-MBR 耦合工艺，PAC（高分子絮凝剂）-MBR 组合工艺，MBR-光催化组合工艺及 MBR/微生物燃料电池（Microbial Fuel Cell，MFC）耦合工艺等。在众多工艺中，MBR/MFC 耦合工艺中的静电场除了可以有效地减缓膜污染外，其产生的电子通过外接电路可形成稳定的电子回路，进一步实现能源回收利用，具有很大的应用前景。采用导电膜可以将 MBR 与 MFC 有效的结合，即可过滤出水，又可减缓膜污染并实现能源回收，具有占地面积小，结构紧凑等优点。

二、工艺设计

MBR/MFC 耦合模拟污水处理系统进水 COD 为 200 ~ 800 mg/L，水质按照一般城市污水水质标准（即 COD、N、P 之比为 100∶5∶1）。在 MBR/MFC 耦合系统中，阳极采用接种产电希瓦氏菌的石墨颗粒，用碳棒导出电子，阴极采用本研究制备的导电阴极膜，用膜组件加以固定，对阴极室底部进行曝气，通过减压抽滤过滤出水，反应器外接电阻为 100 ~ 1000 Ω（图 4.30）。

（1）准备膜材料和电极材料，裁剪到合适尺寸；

（2）按照 COD、N、P 之比为 100∶5∶1 的比例配制模拟污水。

（3）将模拟污水倒入 MBR/MFC 装置中进行实训。

（4）膜表观电阻测量：采用万用表在其表面取距离 1 cm 的两点间的电阻值，测量多次，取平均值。

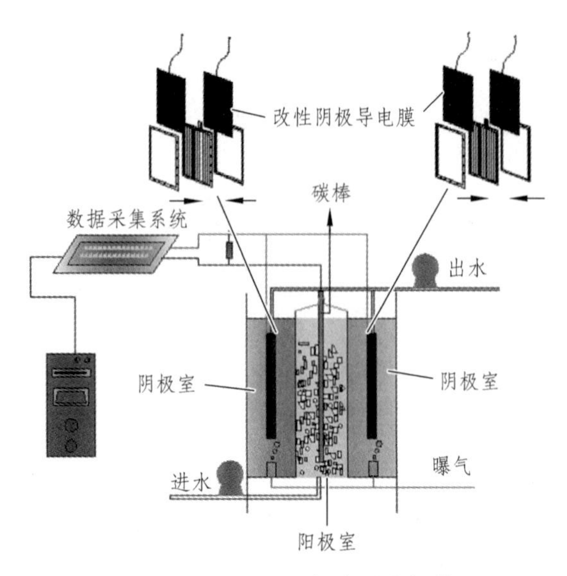

图 4.30　MBR/MFC 耦合系统组装图

（5）将接种成功的碳颗粒和碳布（作为阴极）安装在图 4.30 所示的微生物燃料电池装置中，待运行稳定后，进行测试；

（6）调整电压挡，将电阻的两端——阴极和阳极断开 2 h 后，连接万用表（调至电压挡），测量开路电压；后继续连接电阻箱，通过变换电阻箱中的电阻的值（不少于 20 个）读取对应的电压值，得到一组关于电阻和电压的数值。

（7）将测量得到的电压值作为纵坐标、电流值作为横坐标作图；取中间段数据计算斜率，即可得出 MFC 的内阻值。

（8）将电流值和对应的功率密度做曲线；取曲线的最高点，即可得到最大产能功率密度（图 4.31）。

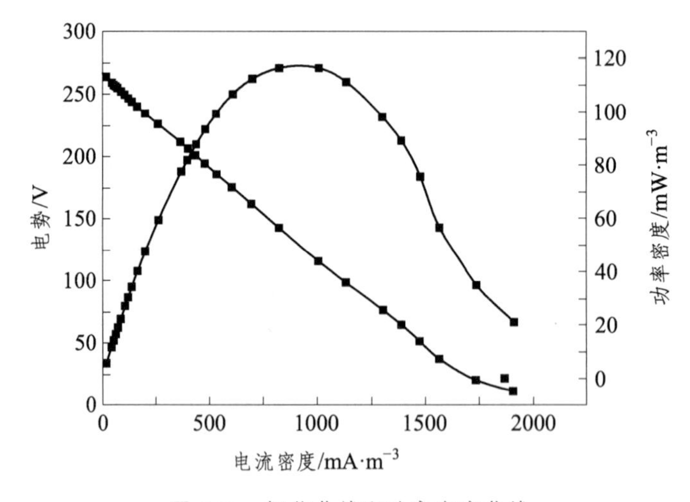

图 4.31　极化曲线和功率密度曲线

三、思考题

（1）得到的产能最大值对应的外电阻值跟 MFC 的内阻值理论上应近似相等。

（2）对比第二节实验九，当采用同样的污水时，对比本实验的出水水质与第二节实验二的出水水质，并分析膜过滤在此过程的贡献。

参考文献

[1] 文科军. 节能住宅污水处理技术[M]. 北京：中国建筑工业出版社，2016.

[2] 张学洪，赵文玉，曾鸿鹄，等. 工业废水处理工程实例[M]. 北京：冶金工业出版社，2009.

[3] 高永，朱炳龙，宋伟，等. 工业废水处理工艺与设计[M]. 北京：化学工业出版社，2020.